自控力

刘干才◎编著

民主与建设出版社
·北京·

图书在版编目（CIP）数据

自控力 / 刘干才编著. –– 北京 : 民主与建设出版
社, 2019.7
ISBN 978-7-5139-2565-5

Ⅰ.①自… Ⅱ.①刘… Ⅲ.①自我控制—通俗读物

Ⅳ.①B842.6-49

中国版本图书馆CIP数据核字(2019)第149589号

自控力
ZI KONG LI

出 版 人　李声笑
编　　著　刘干才
责任编辑　刘树民
封面设计　三石工作室
出版发行　民主与建设出版社有限责任公司
电话　　（010）59417747 59419778
社址　　北京市海淀区西三环中路10号望海楼E座7层
邮编　　100142
印刷　　三河市天润建兴印务有限公司
版次　　2019年8月第1版
印次　　2019年9月第2次印刷
开本　　880毫米×1230毫米1/32
印张　　6
字数　　176千字
书号　　ISBN 978-7-5139-2565-5
定价　　59.80元

注：如有印、装质量问题，请与出版社联系。

目　录

第一章

自律与诚信——严于律己，说到做到

在现实生活中，有些青少年朋友因为受一些不良习惯的影响，白白浪费了大量宝贵的时间。青春对于我们每一个人来说只有一次，我们一定要严于律己，学会自制，让分分秒秒都活得有意义，有价值。

拥有一颗诚实守信的心，生活将处处充满阳光。21世纪的青少年，肩负着继往开来的历史重任，为了将来生活得更美好，一定要握紧诚信这把点石成金的手杖。

一、自我管控：用自制对决冲动

青少年随着心理独立性和成人感出现的同时，自觉性和自制性也得到了不断加强。在与他人的交往中，往往心理上希望自己能够随时自觉地遵守规则、尽到义务。但是，在客观上又往往难以较好地控制自己的情感，缺少自律性，有时还会鲁莽行事，使自己陷入既想自制，却又容易冲动的矛盾之中，形成自身非常难以承受的心理压力。

自制力就是自我管控的能力，是我们达到预期目的的有效途径。有了自制力，我们规划事情才有实施下去的动力，否则一切将无从谈起。自制力包括两个方面：一是自我激励，以提高活动效率；二是战胜自己的弱点和消极情绪，实现活动的目的。其实，这两者是相辅相成的。

缺乏自制力的青少年很容易冲动。俗话说得好，冲动是魔鬼，对于青少年来说，冲动是青春的陷阱。从心理学来说，冲动是指感情上突然而来的激动，或是突然来临的内心欲望，或是某种推动力。冲动往往是一种刺激，激发人的思想，使人匆忙采取行动，在事前常常都来不及做任何思考或判断。因此，冲动所产生的行动往往会有矛盾，甚至不切实际，还会表现出与本意并不一定相配的行为，因此总是会在事后后悔不已。这是我们青少年在心智还不成熟的阶段应该克服的心理不良状态。

一些青少年朋友，因为父母、亲属或他人的一句话就轻生，或因为生活中遇到一些不如意的事就产生自杀的念头；有的在学业或情感上受到挫折就心灰意冷，没有了活下去的勇气；还有的青少年因为一时冲动而做出放纵的事来。在我们生活中，青少年常常发生的打架斗殴往往就是在冲动的情况下发生的。仅仅因为一件小事或一句口角，一时冲动便起心伤人。其实青少年应该知道，不良行为的后果都要付出代价啊！

因此我们青少年要学会用自制力抵抗冲动，学会不管做什么事都要三思而行，若是只凭自己的一时意气用事，就可能造成不堪设想的后果。当你的判断不够准确或没有得到事实证明时，要有耐心地等待一段时间，多加考虑思索一番，千万不要草率行事。

冷静是美丽的智慧珍宝，它出自忍耐与自我控制；冷静是成熟的人生结晶，它出自于对事物规律的透彻了解。一个冷静的人，不会在任何事情面前大惊小怪或感情用事，而会在波涛汹涌中如礁石般纹丝不动。保持冷静，就会拥有遇事不惊和泰然自若的幸福人生。

因此，我们青少年要正确地认识自己，特别是要正确地认识理智行动的意义，对培养我们的自制力来说，这是很重要的。一定要学会冷静，这样才可以控制自己的情绪，才能使自己不至于犯下不可原谅的错误。

冲动的情绪其实是最无力的情绪，也是最具破坏性的情绪。尤其是青少年的情绪发展波动性大，心理承受能力差，情感比较脆弱，遇事容易冲动，因此，应该采取一些积极有效的措施来控制自己的冲动心理。

我们要学会调动理智，以控制自己的情绪，使自己冷静下来。当我们在遇到较强的情绪刺激时，要学会强迫自己冷静下来，镇定地分析一下事情的前因后果，然后再采取适当的表达情绪或消除冲动的行为，尽量使自己不陷入简单轻率或鲁莽冲动的被动境地中。

比如，当你被他人无聊地嘲笑或讽刺时，倘若你怒火大发，反唇相讥，则很可能引起彼此争执不休，那么怒火越烧越旺，自然也就于事无补。但是如果此时你能够提醒自己冷静一点，采取理智的办法，用沉默作为抗议的武器，用友善的语言正面表达自己受到了伤害，指出对方的无聊，反而会使对方感到十分尴尬、无地自容的。

我们还要学会使用暗示转移注意法。让自己感到愤怒的事，大多是伤害了自己的尊严或切身利益，使人一时很难平静下来，所以当你感到自己的情绪十分激动或快要无法控制时，就要及时采取暗示或转移注意力等办法进行自我放松，鼓励自己克制冲动的情绪。一个人的情绪常常只需要几秒钟到几分钟就可以平息下来。但是如果不良情绪不能得到及时转移，就会变得更加强烈。

我们青少年，平时还可以进行一些训练，培养自己的耐性。可以结合自己的业余爱好与兴趣，选择几样需要耐心、静心和细心的事情来做，不仅可以陶冶性情，还可以丰富业余生活。

我们培养自制力要有针对性，就是说要针对自己某种弱点、某种行动中的某种消极心理活动来训练。要培养自制力，应当先对自己作一番解剖，找出自己在某些活动中常犯的毛病，然后选择适当的训练方法，通过训练，在实践中矫正不良的心理状态。

比如，如果你常在某项活动中因自身心理方面原因而招致失败，你可以选择对抗训练的方法。即让自己在想象中再三置身于曾使自己失败的情境中去，锻炼自己，克服弱点。

如果你失去自我控制或自制力，此时的生理心理往往会处于紧张状态。可以通过松弛训练，学习如何消除紧张，由此提高自控力。紧张状态会伴随肌肉紧张、呼吸急促、心跳加速等过程，松弛训练就可有意识地控制这些过程，获得生理反馈的信息，从而控制和调节自身的整个身心状态。

意念可以控制并调节我们的心理状态，自制力在很大程度上就表现在意念控制上，其作用就表现在促进自己积极行动中。往往积极的自我暗示能使自己获得信心，进而提高自制力，而消极的自我暗示却正好相反。

其实，我们青少年应该在许多方面学会自制，只有这样，我们才会抵制各种诱惑而始终坚持既定的目标，才更容易在同学中建立良好的人际互动关系，从而为自己寻求更加广阔的发展空间，才更有可能做到自我负责，并获得良好的自我发展。

二、节制上网：不能沉溺于网络

我们都知道，由于科技发达有了网络。网络有许多好处：它是一个资料库，如果有不懂的问题，可以向它请教；当你觉得无聊时，能上网玩游戏、看电影；无论你在哪个城市，可以上QQ、微信（网上即时聊天工具）和亲朋好友聊天……可以说，网络是一个百宝箱。

但是，网络也有许多坏处，会把人推进无底深渊。有的人整天跟网络打交道，眼睛受不了，结果导致近视甚至失明；有的人沉迷于网络游戏，学习成绩直线下降；还有的人因为网络走上了犯罪的道路，赔上了自己的青春甚至性命。

网络是一个乐于助人的天使，同时也是一个引诱人走上绝路的恶魔。请大家选择善良的天使，不要浪费美好的花样年华。这里，有一个青少年朋友的网络游戏经历，可以让我们对网络有更深刻的认识：

> 网络游戏是学生之间盛行的在线电脑游戏。近年来，网络游戏顶着各种非议以不可阻挡之势进军我国，几年之内就吸引了成千上万的玩家，而我也是其中的一员。
>
> 记得刚有电脑的时候，我因为迷上了网络游戏而偷偷用电脑玩"洛克王国"，为了将自己的角色等级迅速升起来，因此投入了无数的时间和精力来玩这款游戏。
>
> 在将角色等级升到70级后，我知道了可以充钱进游戏成为VIP（贵宾）玩家，所以我就不断地将零花钱投入到了游戏之中，这时我的学习成绩也开始下降。
>
> 我在学习上失利的时候，却在这个游戏里找回了骄傲和"所向无敌"的感觉，因此对于这个游戏我表现出了极度热衷，花在上面的钱也不断增加。

父母也时常提醒我，可我依旧保持着"虚心接受，坚决不改"的态度。玩游戏导致学习成绩下降，而且每次下降的分数也是极多的，但我却浑然不觉。

直到有一天，我看到了一张自己以前的试卷，当时，我十分震惊，自己什么时候考过这么好的成绩？我不敢相信自己的眼睛，看着这个分数，我呆住了……

回过神来，我意识到自己的问题，开始后悔，从那以后我重新将心思放回学习上，我不再去网吧。但是不去网吧，并不代表落下的功课可以轻松补上，为了补上这些功课，我开始一个人在家做补课练习，遇到不明白的问题，就虚心向老师和同学请教……

经过几个月的努力，我终于将落下的功课补了回来，在期末考试时取得了优异的成绩。日后我也不断地用这次"难忘的教训"提醒自己坚决不能再沉迷网络。

在看到这位朋友醒悟时，也需要想想我们自己，是不是也正在受着网络的控制？我们身边的朋友，是不是正在网络中浪费着宝贵的青春呢？

所以，青少年朋友们要记住，网络只是个工具，而不是目的，更不是我们的人生。过分沉迷网络，是心理出现问题的表现，必须引起我们的重视。

心理专家认为，现在青少年最易患上一种网络成瘾综合征。网络成瘾综合征，就是在网上持续操作的时间过长，随着获得乐趣的不断增强，而欲罢不能，难以自控，使得网络上的情景反复出现脑际，而漠视了现实生活的存在。

专家发现，网络综合征患者由于上网时间过长，大脑神经中枢持续处于高度兴奋状态，会引起肾上腺素水平异常增高，交感神经过度兴奋，血压升高，植物神经功能紊乱。此外，还会诱发心血管疾病、胃肠神经官能症、紧张性头痛等病症。

出现网络成瘾的原因是多方面的，但是，其中一个重要的原因，就是与我们青少年自身的"免疫力"不强有重大的关系。

青少年是网瘾综合征的易感人员，因为青少年正值青春期，心理发育还不成熟，自制能力差，容易产生逆反心理，特别容易出现心理和行为的偏差。

许多青少年朋友可能会问了，怎样才能判断自己是不是得了网络成瘾综合征呢？这是比较专业的问题，要确切了解自己的状况，最好接受专业医师的诊断。

不过，在接受专业医师诊断前，我们也不妨根据症状，进行一下对照，看自己身上是不是有以下这些症状呢！

患有网瘾综合征的人，初时是精神依赖，渴望时时上网"遨游"；随后发展为躯体依赖，表现为一不上网就情绪低落、头昏眼花、双手颤抖、疲乏无力、食欲不振等。国外一位心理学家针对网瘾综合征，提出八项标准，虽说并不是绝对的，但大家不妨用此对照一下自己的行为：

1. 你是否觉得上网已占据了你的身心？

2. 你是否觉得只有不断增加上网时间才能感到满足，从而使得上网时间经常比预定时间长？

3. 你是否无法控制自己上网的冲动？

4. 每当互联网的线路被掐断或由于其他原因不能上网时，你是否会感到烦躁不安或情绪低落？

5. 你是否将上网作为解脱痛苦的唯一办法？

6. 你是否对家人或亲友隐瞒迷恋互联网的程度？

7. 你是否因为迷恋互联网而面临失学、失业或失去朋友的危险？

8. 你是否在支付高额上网费用时有所后悔，但第二天却仍然忍不住还要上网？

如果你有四项或四项以上表现，并已持续一年以上，那就表明你已患上了"网瘾综合征"，需要找心理医生咨询治疗了。

针对网络成瘾的问题，我们自己平时要注意调节。网络对人们的生活具有积极作用，这点毋庸置疑，关键是要把握好一个度。

建议青少年每天上网不要超过两个小时，而且要有良好的心态。我们是利用网络来开阔视野、增长知识和扩大交往面的，而不是将自己与现实世界隔离、发泄情绪的。要舍得放弃网络上那些虚拟的东西。

此外，要丰富业余文化生活，比如旅游、看书、下棋、体育运动等，不可陷入"非上网不可"的陷阱。一旦罹患网瘾综合征，要尽快就医，求得帮助。

对于上网的人来说，一定要注意保持正常而规律的生活，不要把上网作为逃避现实生活问题或者发泄消极情绪的工具；上网要有明确的目的，有选择性地浏览自己所需要的内容；上网过程中应保持平静心态，不宜过分投入；上网时间不宜过长。

另外，如果上网时间过长，电脑荧屏的电磁辐射会对人体健康不利，娱乐有度，不可过于痴迷。

以下是几个成功克服网瘾的青少年朋友的经验，我们也不妨学习借鉴一下：

一是要认清网瘾的危害。多关注自己的家境，了解父母的工作、生活状况，体会父母、老师对自己的期望，认清沉迷于网络游戏、网络聊天等对自己健康成长的不良影响。

二是要有坚强的意志。克服网瘾的关键，是要时时提醒自己绝不能再进入网吧。当路经网吧时，要对自己说：那个地方进去容易出来难。当同学邀请去上网时，要坚决说"不"，否则就会前功尽弃。

三是要进行深刻反思。把自己关在房间里，反复问自己：为什么会沉醉在一个虚幻的世界里？自己什么也没得到，反而失去了很多宝贵的东西，值得吗？

四是定下目标，写好决心书，多复印几张，贴在经常可以看得到的地方，时刻提醒自己。

五是每次网瘾来了，就拿张纸写下想上网的理由以及上网会做些什么，这样就能发现自己的理由很不充分，甚至没有必要。长此以往，就会改变心理依赖。

六是多参加运动，转移注意力。网瘾来时，就去踢足球或打篮球，这样不仅可以淡化网瘾，还能强身健体。

七是合理安排自己的活动，把每天上网时间限制在两个小时以内。即使上网也是利用网络来开阔视野、增长知识和扩大交往面，而不是将自己与现实世界隔离、发泄情绪。同时要学会自我调节，舍得放弃网络上那些虚拟的东西。若成瘾者最初的原因是因为回避现实生活中的实际问题而去玩电脑，那么，就应针对相关问题进行解决，如减轻学习压力、缓和家庭冲突等。

八是用厌恶的暗示让自己厌恶上网。使自己一想到上网就有头痛、头昏、疲劳的感觉，重复使用厌恶暗示，建立上网和不良体验的条件反射，从而使自己厌恶上网。

九是通过倒退的方法回忆，使自己回到从前表现较好的阶段，充分体验和感受曾经通过努力奋斗取得成功的乐趣。

十是模仿班上优秀同学的行为，建立起良好的、自我实现的目标，并订立具体的实施计划，认真学习，建立起赶上并超过某位优秀同学的信心。

对于青少年来说，时间是非常宝贵的，这段大好的学习时光如果不懂得好好把握，就会失去很多好的学习机会，甚至会因此贻误终身。

三、少看电视：不要看电视成瘾

现在对于青少年来说，爱看电视是必然的。但是，看电视过多，看电视成瘾，则是问题了。

研究表明，大部分人每天要花三个小时看电视，远远超过了除学习、睡觉以外的其他活动。我们每天花大量的休息时间在电视上却不知不觉，当意识到应该少看点电视去做点别的事时，却又离不开电视。这种状况实际上已成为了许多人的困惑，尤其是我们青少年。

这里有一个故事，可以看出电视对于一些青少年的影响：

> 谈起瘾，我们会想到烟瘾、酒瘾、赌瘾、书瘾……而小凯在家里犯的却是"电视瘾"。这不，最近小凯的"电视瘾"又犯了。小凯老想着看电视，可又怕耽误学习。
>
> 妈妈要小凯在奶奶家至少要写好三份作业，小凯想回家前应该可以完成的。可奶奶家有电视，小凯老想看，没心思写作业，交不了差，回家又得被妈妈骂了。
>
> 小凯每次都战战兢兢地跟妈妈说，下次不会了。这只是嘴上说说的，小凯哪能做得到啊，奶奶一回厨房，小凯就马上打开电视看起来，根本控制不住啊！
>
> 回到家，不知如何交差，有些理由都用过了：比如作业很难，一个多小时才写好；因为做值日回家很晚；被老师留下抄写课文……小凯总是提心吊胆的，生怕妈妈问起他有没有在奶奶家看电视？
>
> 小凯脑子里常常想，到底如何抵御电视的诱惑？让奶奶把遥控器藏起来？或者把电视搬到我家？得想尽一切办法，让小凯看不了电视。
>
> 小凯迷上了电视，到底怎么办？为什么有电视的存在呢？谁发明了这可爱又可恨的东西？小凯脑子都快爆炸了！

故事中主人公的矛盾心态，是不是你也正在经历着呢？是啊，当有了"电视瘾"，我们的生活是多么难受啊？为什么青少年朋友会如此喜欢看电视呢?

因为看电视的时候我们可以处在非常轻松的状态,可以不动脑子,不仅没有看书、学习时的辛苦,而且还充满乐趣。而且现在的电视节目越来越精彩,很容易把我们迷住。

美国罗格斯大学传媒研究中心的库贝博士说:"看电视成为一些人自我调节的方式。与其他方法相比,用电视节目转换自己烦乱的心情更便宜,也更方便,效果甚至超过了镇静剂和酒精。"这正是人们看电视时间越长就越难停下来的原因。

但是,电视节目在带来信息、教益并使人产生放松感的同时,也带来了负面影响。全世界的孩子都爱看电视,但我们必须明白,看电视过多对我们的智力、道德发展是有害的。

如今的人们开始过多地依赖电视,做饭时边听边做,吃饭时边看边吃,饭后心甘情愿地陪着电视,上学时津津有味地讨论着电视节目里的情节,形成了以电视为中心的普通人的生活模式。

这些年看电视时间的明显增加,使人们得了不少时髦的"电视病"。像看电视时间过长引起的颈部不适、视力下降、头痛、头晕等症状。

有些人边吃饭边看电视,或为了看电视吃饭狼吞虎咽等,这种吃饭的方式,减少了胃液、胆汁或胰液的分泌,时间一长引起了消化不良以及胃病。

当然,还有一种"电视病"更不容易被人们所认识,那就是长时间对电视依赖导致的人心理和情绪上的失调。世界杯期间,爱好足球的男生忽而兴奋异常,忽而难掩失落的表现,也可以说是一种情绪上的无法自控吧!

专家发现,过分沉迷于电视的青少年,其行为和思维方式逐渐脱离了现实世界,在适应社会方面产生了严重障碍,这被称作是"电视瘾",也叫"电视病"。

有电视瘾的青少年常常表现得懒散、麻木和消极。一般来说,这是青少年逃避现实世界而麻痹自己的一种消极方式。

细数完沉迷电视的种种害处，希望为电视所困扰的你可以警觉起来吧！不过，你可能还会有疑问，如何判断自己是否有"电视瘾"呢？下面有一些指标，大家不妨对照一下：

1. 每天看电视时间在3小时以上。
2. 不加选择地看所有的电视。
3. 除了看电视，对其他活动都没有兴趣。
4. 在现实生活中常常表现消极、懒散、麻木。

如果你只有其中的一两项表现，并同时对其他娱乐活动依然表现出浓厚的兴趣，那么就不能断定有了"电视瘾"。只有同时具备所有四种表现时，才可以确定得了"电视瘾"，这时就需要进行心理咨询了。

关于"电视瘾"的问题，我们是否有调节的方法呢？怎样让电视少占用我们本就不多的休息时间呢？

一是要学会反思。电视本身是科学和社会发展的产物，其正面的意义不容辩驳，但如果看电视这种习惯影响了个人的学习发展，淡薄了家庭成员之间交流的意愿，它就确实构成了一种障碍，需要认真反思花这么多时间在电视上是否值得。

二是有选择性地看电视。不可否定，电视节目中不乏有很多好的作品，充满了丰富情感的艺术性，或者激发人们去动脑的趣味性。但是，有些电视节目却对青少年的健康成长不具备任何作用，纯粹是打发时间，浪费精力，而这样的电视节目，青少年要学会拒绝它。

三是要让数据来说话。就像减肥时记录自己摄取和消耗热量值来做对比一样，记下你一星期内看的所有电视节目，那么你将会知道你一星期中的20多个小时都花在什么上了。

四是逃离无休止的循环换台。想必每个人都有这样的体会，手里拿着遥控器上下换台，几十个频道下来，还是没有什么东西值得看，很扫兴，最后还是不得不随便停留在某一个频道。

给你一个好建议，不妨去买一张每周广播电视报或者电视周刊，先看看一周节目单，然后有选择地看电视，而不要毫无目的地频频换台。其实，如果没有你喜欢的节目，那就索性关上电视，去看点书、听听音乐，岂不是更好？

五是不看无用的电视节目。并不是每一个电视节目都是好的、精彩的、值得人们去看的。一个健康、积极向上的节目，能不断地充实青少年的内心，从而促进青少年健康成长；反之就是一个无用的电视节目，只会影响青少年的身心健康。

有关专家认为，青少年常看优秀的、有益身心的电视节目，可以更好地开发自己的思维，但是，无用的电视节目则会影响其健康成长，使青少年养成暴力、孤僻、冷漠的性格，甚至于使青少年出现一些极端行为，直到最后走上犯罪的歧途。

六是让电视搬个家。把电视挪个窝是达到少看电视非常行之有效的方法。这个建议是针对在卧室摆放电视的人提的，不妨把电视搬出卧室。

七是过自己的真实生活。电视里演绎的都是别人的悲欢离合，把其余的时间用来去过自己的真实生活吧！去学点儿书法，弹一会儿钢琴，画几笔画，每个星期多读几本课外书……

青少年朋友要学会为自己创造一个良好的学习、生活环境，只有这样才能使自己拥有一个美好的明天。总之，让电视一边儿去吧！

四、拒绝烟酒：让青春更加健康

抽烟喝酒的人多数是男生，他们似乎认为这样是酷，认为这是一种潮流，是一种流行的"活动"。如果有人不抽烟喝酒就是跟不上潮流，跟不上时代脚步。

如若有人真有这样的想法，而去"从事"吸烟、喝酒，那么这个人就等于是在慢性自杀！不信，我们来看一个16岁小烟民的故事吧：

南方某城市16岁的中学生毕某的隆突上长了一个肿瘤。半年前，他就已出现症状，可惜被当地医院误诊，一直按感冒治疗。

经中国医科院肿瘤医院胸外科和麻醉科医生认真检查，发现肿瘤已将患者左侧支气管堵严，右侧支气管也只剩下一条很小的缝隙了。

手术难度很大，保证手术安全的麻醉尤其困难。尽管肿瘤医院做过数十例隆突手术，对这种手术的麻醉颇具经验。但毕竟患者年龄小，瘤体大，病情重，手术风险很大。但如不及时手术，孩子很快就会被憋死。

最终，医生们精心设计的治疗方案和娴熟的医疗技术，使少年又获得了新生。

小小年纪的中学生怎么会得这种要命的病呢？原来，他是个烟民，吸烟史已有两年多，从偷吸到公开吸，直到一个月需要吸三条香烟。

据肿瘤专家介绍，吸烟时，烟雾大部分经气管、支气管进入肺里，小部分随唾液进入消化道。烟中有害物质部分留在肺里，部分进入血液循环，流向全身。在致癌物和促癌物协同作用下，正常细胞受到损伤，变成癌细胞。年龄越小，人体细胞对致癌物越敏感，吸烟危害就越大。这位少年之所以患病，是他过早、过多吸烟与其他促癌因素协同作用的结果。

如今，死里逃生的他不仅表示"再也不吸烟了"，而且准备劝说他的同学、朋友们也赶快戒烟。

烟的成分中，有害物质主要有：尼古丁、烟焦油、一氧化碳、氯氰酸苯等。烟在燃烧的过程中，毒物随烟雾而出。这几种毒物的危害分别是：尼古丁会损害脑细胞，导致头痛、失眠，还会使小血管收缩，引起心血管病等。

研究证明，小小的一滴尼古丁就会毒死三匹强壮的马，更不要说一个人了！一氧化碳过多会降低血液的带氧能力，造成组织缺氧，从而影响青少年大脑的活动能力。

长期抽烟是肺癌发病率增高的主要原因。青少年吸烟，危害更明显。由于青少年尚未发育完全，抵抗力弱，更容易吸收毒物，加深毒害。

吸烟对发育成长中的青少年的健康危害很大，对骨骼发育、神经系统、呼吸系统及生殖系统的发育均有一定程度的影响。由于青少年时期各系统和器官的发育尚不完善，功能尚不健全，抵抗力弱，与成人相比，吸烟的危害就更大。

此外，由于青少年的呼吸道比成人的狭窄，呼吸道黏膜纤毛发育也不健全，因此吸烟会使呼吸道受损害并产生炎症，增加呼吸的阻力，使肺活量下降，影响青少年胸廓的发育，进而影响其整体的发育。

烟草中含有的大量尼古丁对脑神经也有毒害，它会使学生记忆力减退、精神不振、学习成绩下降。调查发现，吸烟学生的学习成绩普遍比不吸烟学生的低。

青少年吸烟还会使冠心病、高血压病和肿瘤的发病年龄提前。有关资料表明，吸烟年龄越小，对健康的危害越严重，15岁开始吸烟者要比25岁以后才吸烟者死亡率高55%，比不吸烟者高出一倍多。所以青少年要拒绝烟草，远离烟草，不要以此为时髦。

如果你现在已经有了烟瘾，那就一定要想办法戒掉。在戒烟过程中，以下方面需要我们注意：

戒烟从当前开始，从逐渐减少吸烟次数到完全戒烟，通常三四个月就可以成功。要从头到尾制订一个戒烟计划，每天减少自己吸烟的数量。

安排一些体育活动，如游泳、跑步、钓鱼等。一方面可以缓解精神紧张和压力，另一方面可以避免花较多的心思在吸烟上。

当你有想吸烟的冲动时，可以用喝水来控制，或者用藏林草做泡饮，可以对戒烟起到事半功倍的效果。

青少年不能抽烟，是不是就可以饮酒呢？对青少年的酗酒问题，学校、社会似乎都尚未予以应有的关注，而且对青少年饮酒危害的宣传和重视程度，也远不及青少年的吸烟问题。

事实上，饮酒、特别是酗酒的危害，一点也不比抽烟小。医学专家指出，年纪尚小的青少年发育未成熟，各器官功能尚不完备，肝脏处理酒精的能力差，因此对酒精的耐受力低，喝酒过量容易影响记忆力及正常的生长发育，还可能埋下肝硬化等疾病隐患。同时，青少年神经系统还较稚嫩，自制能力差，酒后易行为失控，从而诱发各种事故，甚至危及生命。不信我们来看一个故事：

在省立友谊医院急诊科内，李真紧闭双眼，无声无息地躺在病床上，他的同学聚集在一起，悲痛万分，大家都没想到，14日晚上的聚餐，竟是李真"最后的晚餐"。

2月14日是情人节，为了庆祝这个特别的日子，晚六时许，李真和同住一个宿舍的五六个同学相约去学校外面的饭店喝上两杯。

起初，李真喝得不多，后来，又有几个同学加入聚会，李真越喝越高兴，还不时地抢别人的酒喝。推杯换盏之后，十几个人竟喝了好几瓶白酒，其中李真大约喝了一斤多白酒。

22时许，聚会结束以后，李真烂醉如泥，还不停地说感觉不舒服，同学便将李真背回宿舍。

"大家将李真送回宿舍后，李真直接躺在床上，呼呼大睡起来。"李真的同学说。

当时，大家留下同学小震照顾李真，然后就各自散去休息了。小震称，15日凌晨四时许，他还听到李真的打呼声，可六时多，小震再叫他的时候就没有回应了。

小震伸手一摸，发现李真身上冰凉，已经没了呼吸。他十分害怕，立刻把其他同学叫醒，叫来了辅导员，并拨打了120急救电话。

当天7时40分，李真被送至医院抢救，虽然已经没了呼吸，医院还是对其抢救了3个小时，但抢救无效，初步判断李真是饮酒过量导致死亡。

听闻儿子去世后，李真的父母悲痛欲绝。

面对赶来采访的记者，李真的母亲说，李真今年19岁，平时，李真老实听话，是个孝顺的孩子，以前在家并不喝酒，不知为何14日晚会喝得那么多。

"我现在真不知该怎么办才好。"李真的母亲哭着说，李真的爸爸为了给李真交学费，让儿子生活得更好，还坚持带病干活，现在整个家都被噩耗压垮了……

有数据表明，青少年酗酒已成为了严重的社会问题。据一份针对大中学生的调查资料显示，学生中有饮酒史的平均高达82%，其中男生为89%，女生为75%。而且，在这些饮酒的学生中，饮用高酒精含量的白酒者占23%。

酗酒为什么会有这么严重的后果呢？它有哪些危害呢？让我们首先了解一下酒精在体内的代谢过程吧。

酒精在进入人体后，能够很快地被完全吸收。吸收入体内的酒精绝大部分在肝脏解毒，酒精的代谢速度几乎不受血液中酒精浓度的影响，相对缓慢而恒定，且与摄入量无关，所以如果在短时间内大量饮酒，超过了机体对酒精的代谢速度，就会造成酒精蓄积中毒。

约有5%的酒精不被代谢而主要通过尿液和呼吸排出体外。而青少年的肝脏发育尚不健全，解毒能力较差，在过量酒精的刺激下，肝细胞会发生脂肪变性，轻者发生脂肪肝，重者会发生肝细胞坏死，导致肝硬化，严重影响青少年的健康。

有些青少年酗酒常常伴随着吸烟，这样危害更大，因为烟雾中的尼古丁等毒性物质能够溶解于酒精，加重有害物质的吸收。而且在烟、酒中都含有一定的致癌物质，酒精对黏膜的刺激及破坏能促进致癌物质在人体中的吸收，并诱发癌症。

所以青少年应该充分认识到烟酒的危害性，戒烟戒酒。同时，我们也要去除青少年酗酒的环境，在家里不要经常喝酒，父母首先要戒掉酗酒的习惯。

大家一定要时刻记住，烟酒对于我们青少年来说是碰都不能碰的，一旦上瘾了，就使我们的身体健康和生长发育都受到了影响。我们要做一个不抽烟，不喝酒的健康少年。

五、远离毒品：不要让青春凋零

身为青少年的我们，正值花季，面对陌生的东西，我们总是想去探索、研究，却从未想过事情发生后的结果。想要有美好的人生，就必须远离毒品。

毒品是万恶之源，罪魁祸首。它毁掉了多少家庭的温馨，又扭曲了多少人性，更可恶的是它毁掉了多少花季青少年的梦，使这些本该芬芳和鲜艳的花朵过早地凋零。

当今世界上存在着大量吸毒者，毒品就像魔鬼一样吸附着他们。害人，毁坏家庭，祸国殃民，它是人类社会一大公害，人们对它深恶痛绝。

由吸毒造成的个人、家庭悲剧不断发生，有的人因吸毒毁掉了健康甚至生命；有的人因吸毒倾家荡产、妻离子散；有的人因吸毒走上了犯罪道路。尤其值得注意的是，毒魔之爪正无情地伸向了成长中的青少年。

青少年朋友们，让我们来看一个小故事吧：

有一名16岁的女孩儿，因和爸妈怄气而离家出走，在附近的一家歌舞厅里疯狂地喝酒，这时候，一名男子递给了她一杯酒，说："尝尝我这个，我这个比你那酒喝下去更刺激。"

那女孩听完后，也没有什么戒备地喝了下去。喝完后她感到很兴奋，随着音乐的劲爆，她走进舞池，疯狂地甩着自己的头。她并不知道这是毒品摇头丸起的作用。

随后的一段时间里，她就迷恋上了这个舞厅，每当看到那个男子递给她那杯酒，她就像看到了荒漠里的一滴水。她也曾想不去喝那杯酒，可她控制不了自己，极力地想喝那杯酒。

后来，父母发现了她的异常，送她去医院后才知道，原来自己的女儿竟染上了毒品，他们只好眼里含着泪把她送进了戒毒所。

毒品，是每个人都不敢靠近的一种东西，因为人们都知道，一旦靠近了它，就不能再舍它而去，会对它上瘾，所以许多人都畏惧地躲开了。但有些人会对毒品感到好奇，这种好奇心能促使他们坠入深渊。要知道，一旦染上了毒品，就无法自拔！

毒品分很多种类：有海洛因、摇头丸、冰毒等，这些都能危害人们的身体健康，甚至还危害其家人，导致严重的后果，也给社会带来不安。

毒品作用于人体，使人体能产生适应性改变，形成在药物作用下的新的平衡状态。而一旦停掉药物，生理功能就会发生紊乱，出现一系列严重反应，医学上称为戒断反应，会使人感到非常痛苦。

用药者为了避免戒断反应，就必须继续定时用药，并且不断加大剂量，最终使吸毒者终日离不开毒品。

吸毒不仅对个人造成巨大伤害，对家庭和社会都有严重的影响。家庭中一旦出现了吸毒者，家便不成家了。吸毒者在自我毁灭的同时，也损害自己的家庭，使家庭陷入经济破产、亲属离散，甚至家破人亡的境地。

毒品活动加剧诱发了各种违法犯罪活动，扰乱了社会治安，给社会安定带来了巨大威胁。而无论用什么方式吸毒，对人的身体都会造成极大的损害。

吸毒首先导致身体疾病，影响社会生产；其次造成社会财富的巨大损失和浪费；同时毒品活动还造成环境恶化，缩小了人类的生存空间。

还有不少青少年对"摇头丸"充满好奇，于是抱着好玩的心态去尝试，刚开始好像不会上瘾，但尝试一段时间后，潜入体内的毒品开始不断发作，使他们痛不欲生，于是不得不大量购买毒品，来弥补自身的空虚。

有些青少年尚在读书，为了购买毒品，就不断地欺骗家人的钱财来买毒品吸食。据专家分析说，每年有许多青少年为了购买毒品而走上一段无可挽回的道路。

有些青少年由于跟潮流、追时尚而吸食毒品，也许他们认为这是好玩，但是其后果其实十分严重。珍惜自己，就要懂得保护自己。毒品就犹如一个深渊，跌进去就不可能再回到过去，即使以后多么后悔，也没办法了。

世界上没有"后悔药"，要想不后悔，要想拥有美好的人生，就必须远离毒品，千万不要抱着好奇的心理去尝试任何陌生的东西，要为自己的身体健康着想，要为养育自己的辛苦的父母着想，不要做出既伤害别人，又伤害自己的事。

面对毒品，我们必须拒绝。想要拥有美好的人生，就必须远离毒品，不要走上一条无可挽回的错路。

青少年是祖国的未来，正处在身心发育成长的关键阶段，心理防线薄弱，好奇心强，辨别是非能力较弱，加之对毒品的危害性和吸毒的违法性缺乏认识，最易受到毒品的侵袭。

因此，我们要时刻筑起一道坚固的心理防线，保持清醒的头脑，绝不让毒品这可怕的恶魔靠近我们的身体、靠近我们的家人、靠近我们的同学和朋友。

生命是美好的，毒品是万恶的，"珍爱生命，拒绝毒品"已成为全人类、全社会的共识。为此，我们广大青少年朋友们要切实做到远离毒品，像下面这首歌曲中唱的那样：

年轻人总好奇去把毒品摸，
一时快乐烦恼全都被摆脱。
事业像毒烟化为泡沫，
妻离子散被世界冷落。

过来人奉劝你别把毒品摸，
醉生梦死中把岁月蹉跎。
生活如流水平淡中度过，
莫让青春如花般掉落。

吸毒害了我，吸毒害了我，
毁了前程毁了幸福。
毒品猛于虎撕裂了全部，
不要被它的诱惑而迷住。

吸毒害了我，吸毒害了我，
让我疯狂让我无助。
毒品猛于虎吞噬了幸福，
不要被它诱惑被它迷住。

……

六、谨慎交友：友谊之树要常青

人们常说："在家靠父母，出门靠朋友。""千里难寻是朋友，朋友多了路好走。"确实，在我们离开家门、步入校园之际，朋友便对我们的人生产生了深刻的影响。

古语有："近朱者赤，近墨者黑。"美国人也有句谚语说："和傻瓜生活，整天吃吃喝喝；和智者生活，时时勤于思考。"这两句话说的是同一个道理：你的将来怎样，关键在于你与谁同行。

而现在有的青少年，和一帮所谓的哥们儿、朋友，吃吃喝喝、打打闹闹、抽烟喝酒、打架斗殴。当与同学间发生纠纷，不是去劝说，不是及时制止，也不是向老师汇报，而是打电话叫社会闲散人员恐吓、威胁同学，进一步制造事端、扩大事态，最终害人害己。大家要引以为戒，要交益友，不交损友！

这里有一个故事，正可以说明这个问题，青少年朋友不妨一看：

> 小强出生于1994年4月，是典型的"90后"。在小强很小的时候，因为父亲张某不走正路，父母离婚，法院将小强判给父亲抚养，但是张某尽不到父亲的责任，小强就跟着妈妈生活。
>
> 妈妈文化水平也不高，是农村进城务工人员，在商场打工。多年来母子相依为命，但是小强的母亲为了养家努力工作，一个人忙不过来，也忽略了对小强的照顾。
>
> 小强初中没有读完就辍学，十四五岁就开始打工，接触社会较早。几年中换过几次工作，在饭店、运动鞋专卖店等打过工。
>
> 15岁的时候，小强结交了一伙朋友，他们都是无业的社会游民，天天游手好闲。一次他们商量一起去抢劫，出于哥们儿义气，小强也跟着去了。

就这样，小强稀里糊涂成了犯罪团伙中的一员。虽然被判了刑，但是当时才15岁，小强并没有吸取教训，对自己的反省也不够。

出狱后，小强打过一段工。一次在某迪吧与钱某相遇，并建立了联系。钱某是其中学校友，以前曾经认识，但是彼此不太熟。

钱某比小强大两岁，这次与小强联系上后，多次对小强说贩毒可以很容易挣到钱，而家境困难的小强正想弄些钱花，于是就同意了钱某的提议，并与梁某联系。

后来，他们在迪吧门前以每包550元的价格卖给梁某两包冰毒。交易完成后就被警方抓获了。

案发时小强仅差两个月就满18岁了，这次犯罪被抓，可以说，对小强来说是件"幸运"的事，如果再过一段时间，小强被抓就得按成年人处理了。不过，小强毕竟是第二次犯罪，这次被判刑，但愿小强能醒悟过来，懂得该如何走好人生路。

小强说，这次被拘留后，在看守所里已经待了五个月了，自己天天反省，想家、想妈妈，想今后如何工作，知道这次犯罪对不起妈妈，对不起自己。

小强的母亲希望小强这次能深刻认识错误，吸取教训，出来后踏踏实实做人，不再做违法的事。

一个人的一生只有一个青春，青春期应该是美好的，但是，小强却因交友不慎而走上犯罪的道路，给青春蒙上了一层不该有的灰暗，让人悲叹！

我们每个人的一生总会有几个朋友，真挚的友情谁都是渴望的。人生的路上难免会有许多坑坑洼洼，是朋友，当你摔倒了，他可以扶你站起来；当你迷路了，他可以为你指明方向；你在为一帆风顺而高兴得忘乎所以时，他可以唤醒沉醉的你正视眼前的路。所以说，朋友就是灯塔，就是路标。

困难的时候，想想自己有那么多好的朋友，就能在友情的支持下渡过难关，战胜困难。

孤独的时候，想想自己那些昔日一起嬉戏的朋友，那些画面，足以消除心中的孤单，找回些美好的感觉。

伤心的时候，想想一起分享的快乐，开心玩耍的朋友，想想那在同一片蓝天下成长的故事，你便觉得开心。

高兴的时候，想想那些曾经相互鼓励、相互竞争的朋友，和他们一起分享，你便会有自豪感。

受挫的时候，想想那些追求上进、勇于克服困难、力争上游的朋友，你会觉得自己的这点挫折算不了什么。

骄傲的时候，想想那些胜而不骄，保持良好生活和学习习惯的朋友，或是特别成功的朋友，你会发现自己的这点成绩不值得骄傲。

生气的时候，想想那些帅气的朋友，你会发现这样生气实在不值得，会使自己变丑的。这样你就不会生气了。

可见朋友多是件好事情，我们应该广交朋友，努力使自己的生活变得更加丰富充实。然而，广交朋友并不是乱交朋友，有的人拉帮结伙，胡作非为，把友情建立在所谓的为了哥们儿一己私利而损害别人人生的基础上，这些都是经不起时间考验的！

青少年交友的时候一定要注意选择，要择善而交，不交无德之友，不交无义之友，不交无耻之友。

朋友之间，无论志趣品行，还是功名事业，总是相互影响的。交友也是选择命运，是康庄大道、泥泞小路还是处处陷阱，与此往往都有关联。

经常与四处游荡、不务正业的人厮混，你不可能积极进取；经常与沉迷网络的人为伴，你不可能朝气蓬勃；经常与牢骚满腹的人交流，你就会变得怨天尤人；经常与满口"钱"字的人交往，你就可能沦为唯利是图、见利忘义之辈。正因为如此，才会有历史上有名的"孟母三迁"。

而我们有少数同学交友颇不慎重，和一些人在一起逛街、喝酒、进网吧，或者躲在某个角落里吸烟，或者在晚自习时躺在操场上聊个海阔天空。

"今年欢笑复明年，秋月春风等闲度"，这样一晃几年时间就过去了，到高考时只能面对惨淡的结局，这个时候，有些人追悔莫及。

物以类聚，人以群分。什么样的朋友，就预示着你什么样的未来。如果你的朋友是积极向上的，你就可能成为积极向上的人。假如你希望获得更好的品格，你的朋友一定要比你更优秀，因为只有他们可以给你提供成功的经验。

有时候我们要改一改"宁为鸡头、不为凤尾"的传统思想，变为"宁为凤尾，不为鸡头"。

一个人在一个竞争很强的团体里学习，有利于自己学习别人的优点和长处，克服自身的不足，不断提高自身素质，一步步地成长为"凤凰"中的领头人。姚明曾经从NBA（美国职业篮球联赛）中的凤尾到NBA越来越耀眼的明星的成长经历就体现了这个道理。

青少年朋友，如果你想展翅高飞，那么请你多与雄鹰为伍，并成为其中的一员；如果你成天和小鸡混在一起，那你就不可能学会飞翔。

如果说友谊是一棵常青树，那么，浇灌它的必定是出自心田的清泉；如果说友谊是一朵美丽常开不败的鲜花，那么，照耀它的必定是从心中升起的太阳。

青少年朋友，让我们学会交友，交好友，让友谊之树常青吧！

七、遵守约定：养成守时的习惯

老师，我妈妈早上起床迟了，做早餐晚了半个小时呢！

老师，我家的闹钟坏了，晚了10来分钟。

我是走来的，上学路上没有碰上公交车，所以来晚了。

老师，上学路上我想起练习本没有带，便回家去取了。

这些都是我们经常为自己上课迟到找的理由，你是不是也经常这样呢？在这个金钱至上的社会里，一般人只知道爱惜外在的金钱，却渐渐地忘记了时间对人生的重要性。

时间就是生命，是用钱买不回来的，浪费别人的时间等于图财害命。青少年时期是我们一生中最重要的时候，所以，守时对于我们青少年来说，更为重要。

守时是一个好习惯，它是指遵守规定的时间。守时虽是一种行为，但它却能琢磨出一个人的人格。

当你等了很长时间，别人迟到了时，你一定很生气。所以，我们应该守时，这样会赢得别人的信任。如果总是不守时，我们将变得越来越懒，甚至在生活中处处遭遇失败。不守时是坏习惯，我们应改掉它，争取做到永远守时。

青少年朋友，我们来看一个关于守时的故事：

　　然然永远不会忘记那一天，那天她没有守时，迟到了。前天晚上下了一场大雪，清早，然然还在做着美梦时，突然传来了妈妈的喊声："然然，起床了，你快迟到了！"

　　然然睡眼蒙眬地看了眼闹钟，才6点20分。她懒洋洋地说："这才几点？让我再睡会儿。"然后又迷迷糊糊地睡着了。但然然再次醒来时，闹钟上的时针已经指到了7，而分针指到了11。

　　她揉了揉眼睛，确定没看错时立即跳了起来，穿好了衣服向外奔，这时才发现裤子穿反了，没办法，只得重新翻工。急匆匆地吃完了饭，拿了一包牛奶，背起书包，就冲出了家门。

　　好不容易等到了一班车，她急忙挤了上去，看见和她同校的好朋友金璐。但是，车子走到了半路，因为积水太多，然然乘坐的车不得不改路线。可是，也没有避免堵车事件的发生。

哎，为了早些到学校，只能跑过堵车的地方，再等车去学校。然然以百米冲刺的速度向前冲去，在人群中来回穿梭。跑了一会儿，她已经气喘吁吁，满头大汗了。

她跑了好长时间，才跑到了1路车车站，看到了一辆与1路车相似的车便上了车。然然看着这班车行驶的方向不对，就连忙跑到了司机叔叔的旁边，喘着气地说："叔叔，请问这是几路车？"

司机叔叔简洁地说："2路！"

她心想："完了，坐错车了！"

车到站，她只能往回跑，好不容易坐上了1路车，直奔学校。但她赶到学校时还是迟到了，其他同学已经在参加升国旗仪式了。

大家都知道，举行升国旗仪式时是不能进学校的，要等到举行完升国旗仪式时才能进学校。校长让她等了十几分钟再进去。进校以后，然然立刻飞快地跑向教室。

来到教室门口，然然尴尬喊了声"报告"。同学们的目光"刷"的一下全都投向了她，一个个的脸上都露出了不同的表情，有的幸灾乐祸，对她指指点点；有的十分吃惊，嘴巴张成了字母O形；有的为她惋惜，同情地看着她……

然然看着老师，只见老师沉默了一会，严肃地说："怎么回事？现在都几点了？"她站在门口，听着老师的批评，不禁脸红了起来。然后，老师让她当着全班同学的面作了检讨。

从此以后，然然发誓一定要永远守时，再也不迟到了。

守时，就是遵守约定的时间。守时能够保证正事有充足的时间去做，不守时的人做任何事情都会觉得没有充足的时间，最终就会面临着生存的危机。

守时是一种素质，德语中有一句话，"准时就是帝王的礼貌"。古今中外，凡是有成就的人物都具有严格的时间观念。

美国首任总统华盛顿，他的许多部下都领教过他严守时间的作风。每当他约定好时间的事情，必定会按时做到，一秒都不差。

有一次，他的一位秘书迟到了两分钟，看到华盛顿满脸怒容的样子，他赶紧解释说，他的手表不准。

华盛顿正色地说："要么你换一只手表，要么我换一个秘书。"

华盛顿对时间的重视，使得这位秘书从此不再出现迟到一分一秒。

上课迟到了，随便找个借口就挺过了；约会迟到了，随便说几句道歉的话，也许会得到朋友的体谅。但是，就这么一个个借口，一句句地道歉，就足可以把你抛到永不守时之地，你说，这不可惜吗？一个不能遵守约定的人就是言而无信的人。

上课迟到也许事小，但考试迟到却可能事大。要知道，守时不单是一种行为，更是一种习惯。一个人习惯的好与坏决定了这个人的成与败。

现代生活的快节奏，呼唤着人们的时间意识。守时，理应是现代人所必备素质之一。但是，不守时的情况经常在我们的身边发生。如果一个人跟你约好的时间，他人没到，你会怎么想？是不是有一种被耍弄的感觉？虽然现代的通信工具给我们的生活带来便捷，但有些人依然不能做到守时、准时。

守时就是遵守承诺，按时到达约定的地方，没有例外，没有借口，任何时候都得做到。即便你因为特殊原因不得不失约，也应该提前打电话通知对方，向对方表示你的歉意。

这不是一件小事，它代表了你做事的素质和做人的态度。如果你对别人的时间不表示尊重，你也不能期望别人会尊重你的时间。

在我们的生活中，时常会有这样的事情发生。我们都不喜欢和别人约好的时间却不出现的人。有些人跟别人也许在一个小时前说好的事，一个小时后却会临时变卦，这样的人就是对自己的不信任。明知道自己有事，还要约别人，这样的人只能失去别人的信任。

约好的时间不能到，迟到的时候就会说出一大堆理由。为什么在出门前不做好计划再出门呢？也许有人会说这样的生活太累，只是一个约见，需要做好这样和那样的打算吗？可要是对方在约好的时间不准时出现在约见地点，你会怎么想？

守时不仅体现出一个人的观念，更能体现出这个人的道德修养。我们在不同的场合切记做到守时。早到就等于守时，也不要早到很久，会给别人一种不好的感觉。世上有太多意外，搭车会迟，等电梯也会迟，所以时间一定要充分预备。

时间就是生命，时间就是金钱。别去为了省下了几块钱而误了与朋友的约定；别为了睡个懒觉而误了学校的规定。"黑发不知勤学早，白首方悔读书迟。"省下了钱，睡完懒觉时，你会发现你损失的不只是钱财与精神上的伤害，更多的会是你一辈子的后悔。

八、以诚待人：诚信是美德基石

诚信，顾名思义，指的就是诚实守信。诚实就是忠诚老实，不讲假话，不歪曲事实，不隐瞒自己的观点，光明磊落，处事实在。守信就是遵守诺言，讲信誉，重信用，履行自己应承担的义务，从而取得他人的信任。诚实守信是真、善、美的统一，是我们一切美德的基石。

在青少年成长的历程中，诚信是一种可贵的品质，它让我们赢得更多人的尊重。人无信不立，诚信对于个人来讲，是立世的准则。"人而无信，不知其可也""千里赴约，言之有信"这些都是千古佳话。作为青少年，我们必须懂得，诚信是一种人生的境界。诚实又是力量的一种象征，它显示着一个人的高度自重和内心的安全感与尊严感。

青少年朋友，我们来看一个关于诚信的故事吧：

一鸣常常沉迷于电视节目中，不能自拔。一次周末，他去奶奶家，就因为只顾看电视，他没写作业。

怎么办？一鸣忐忑不安地走在回家的路上，心想：今天作业一点没动！回家肯定会挨妈妈的"竹笋炒肉"。

只顾着看电视，作业却孤零零地放在那儿。况且，一鸣还和妈妈说好了，到奶奶家一定完成作业。

一鸣就想：那就撒个谎呗！他眉头一皱，又想：如果谎言被揭穿了怎么办？到底是要瞒天过海还是老实招供？两个完全不同的想法在他的脑海里交织着，他的心如同一团乱麻。

最终还是那撒谎的念头占了上风。一鸣决定，就把上周的作业指给妈妈看，她不仅不会批评他，或许还会让他看会儿电视呢！

"作业呢？"果然，一鸣前脚刚刚跨进家门，妈妈就向他讨作业。一鸣只好信誓旦旦地说："写了。"

"真的吗？"

"自己看！"一鸣指了指上周的作业，自以为面不改色地说，可他的心却像一只兔子，怦怦直跳，脸上闪过一丝慌乱。

妈妈的眼神朝一鸣直射而来，像X光探头那样，把他的五脏六腑都给看透了。

"好，"妈妈说，"那我就问问你奶奶，看你有没有写！"一鸣脸上故作镇定，心里却想：完了！谎言最终会被揭穿啊！我真不该撒谎啊！妈妈拨通了电话，她开始笑着聊了几句，脸色越来越严峻，只"哦"了一声就"啪"地一下挂掉了电话。一鸣知道东窗事发了。

"你奶奶说你一点也没写，真是可恶，你不仅没写作业，还谎话连篇！"妈妈几乎是在吼叫，连天花板上的墙漆都要掉下来了。她还拿了棍子，一鸣的眼泪夺眶而出。

一鸣站在阳台上，看着月亮，心想：我为什么要撒谎呢？写了作业坦荡荡的，也不会像现在这么郁闷。如果我没有撒谎，或许妈妈还会原谅我，可撒谎了就是错上加错。

人不信一时，则不信一世。如果有一次不诚信，就会失去别人对你的信任。一鸣失魂落魄地回到屋里，又想：一个人没了诚信，又怎能让人相信自己。他顿时明白了，诚实乃做人之本。一鸣下定决心不再撒谎。

虽然一鸣现在还会犯错，但他学会了坦然面对错误。他终于理解了诚信，明白了谎言总是会被揭穿的。他想，自己一定要扶正心中诚信的种子，学会言而有信。

我们在学校读书是人生重要的求知阶段，在学习过程中，可能会犯不少错。其实，在学业中犯错并不可怕，可怕的是文过饰非、隐瞒错误的侥幸心理。实际上，只要是犯了错误想要掩盖，说谎、考试作弊等，迟早会被人发现。"若要人不知，除非己莫为"，说的就是这个道理。

诚信是中华民族的传统美德，这种美德的核心就是真诚，它是每个人人生道路上不可缺少的伴侣。作为中学生的我们，作为中华民族的接班人，我们应该发自内心地过问自己：我诚信吗？我们能够挺起胸膛，拍着胸脯说"我从没做过有违诚信的事"吗？

有些同学让我们大失所望：为了玩电脑，他们可以欺骗父母；为了考试成绩好，他们可以作弊抄袭，不择手段。这样既欺骗了老师，欺骗了家长，欺骗了同学，同时也欺骗了自己。

失去了诚信，也就失去了做人的准则，分数再高，又有什么用呢？一切都是徒然！所以我们要对自己的言行，时时做深刻的反省！

诚信，是一个人，一个企业，乃至一个国家最基本的要求。只有诚信，才能让世界更加美好，做到了诚信，我们将发现，青草绿树，白云蓝天，花香鸟语，无垠的大海，广阔的沙漠，无际的草原，美丽无处不在；花开花落，云卷云舒，月圆月缺，美丽尽在其中。

但是失去了诚信，我们的社会将一片混乱，如果人与人之间失去了信任，那人与人之间怎能合作？国家怎能发展？社会怎能和谐？失去了诚信，一切将如纸上谈兵，毫无意义。诚信是人类一种具有普遍意义的美德，在世界各国都重视公民诚信教育的传统。诚实守信是一种比任何东西都珍贵的品质，它在一个人的内心深处熠熠生辉。

诚信，它能够驱散人们心中的阴暗，让你时刻都能获得更多的快乐；诚信，它能够赶走人们心中的恐惧，让你时刻做一个光明磊落的人。作为青少年，我们必须学会诚实守信。诚信是最重要的人格，因为诚信，所以一诺千金。在任何情况下，都不能把诚信抛在脑后，诚信是青少年朋友健康成长的重要养分，应该从我做起，从此刻做起，对所有人以诚相待，做个诚实守信、敢作敢当的青少年。

青少年如果不守诚信，那么，就会养成不诚实的坏习惯，将来走入社会也会跌跟头，这绝非偶然，而是无数偶然堆积成的必然。如果你不想让这些偶然最终变为必然，那么，你就要学会诚实守信。

在日常生活当中，青少年朋友一定要做到以诚待人，只有这样才能获得他人的信任。生活在他人的信任之中，会让人心境开阔，心情愉快，会有种成就感，满足感。时刻遵守以诚待人的原则，是做人最起码的准则。诚信是做人的一种境界，它以大义和超越为精神的根基，是生活的真谛。有了它，才有了"君子一言，驷马难追"。它能超越人生的困苦失落和尔虞我诈，从而追求真正意义上的自我人生价值，并以此为目标，没有一丝的虚伪和急功近利。

或许我们没有美丽的外表，但我们不可以没有诚信，因为诚信会使我们的心灵世界变得五彩缤纷；或许我们无法拥有太多的物质财富，但我们不可以不拥有诚信，因为诚信是我们精神上最宝贵的财富；或许我们无法成为万人敬仰的伟人，但我们不可以缺乏伟人所拥有的诚信，因为诚信将会使我们活出自己的伟大。

青少年朋友，诚信是我们人生的伴侣；是我们生命的灵魂；是我们人生的精神支柱。我们要坚守诚信，让诚信成为我们人生的导航灯。

九、敢于负责：逃避是无能表现

每个人都渴望成功，但在人生的道路上又尽是崎岖和坎坷，当失败摆在你面前时，你会怎么办？是放弃？是逃避？还是……不，朋友，请迎难而上！

失败并不可怕，可怕的是失败后选择放弃。那是懦弱、无能的表现。相信自己，迎难而上。有一位登山家严肃地说过："对于风雨，逃避它，只会被卷入洪流；迎向它，却能获得生存。"

所以，当我们遇到困难的时候，应该迎难而上，而不应做一只缩头乌龟。亲爱的青少年朋友，我们来看一则小故事吧：

"做事要迎难而上，不要逃避困难！听——到——没——有！"唉，又来了！真烦。有一段时间，馨源总是逃避困难。试飞航模飞机时，总是因为怕摔坏飞机，不敢第一个飞，后来，一听到"飞机"二字就会害怕。

上奥数课，总是因为怕回答错问题，不敢举手发言，结果一听到"奥数"二字就紧张。……

唉，这种事太多了。所以，上面那句从馨源那说话"言辞重复，喋喋不休"的老妈那张嘴中夹杂着怒火，以800分贝高音喷出来的话她已听了不止一次。

唉，你还别说，老妈的这句话对她的启发挺大呢！在第N次听到老妈"喷"出这句话后，她下定决心，一定要迎难而上，不再逃避！下午就有航模课了，让我在航模课上大显身手吧！馨源盼着盼着，终于盼到航模课了。同学们像往日一样排好队，老师又问："谁愿意第一个飞？举手！"

馨源抿了抿嘴，缓缓举起了手。老师一愣，说："馨源十分勇敢，她飞完后，大家都鼓掌！"

她的自信心一下子树立起来了。飞的时候，她才知道，原来第一个飞也没什么难的呀！

要上奥数课了！哦，今天讲"和倍问题"，这个问题妈妈以前给她讲过。"谁把和倍问题公式背出来？"老师问。

"让我试试吧！"馨源边想边举起了手。

"对！"老师听完她的回答赞许地点点头，馨源的心中乐开了花。从此，妈妈的话她永远铭记在心："要迎难而上，不要逃避困难。"

有一句名言："时间顺流而下，生活逆水行舟。"人在生命的历史长河中，难免遇到什么困难。实际上，困难一直是与人为伴的，气候灾害、地质灾害和其他灾难不时发生，无论多么幸运的人也避免不了和困难打交道，最起码，每个人都要面对生老病死的考验。

人们都渴望成功，而成功的人士都有不平凡的经历，他们的成功都是克服了一个又一个困难走过来的，古今中外，几乎没有例外。

曾经有一个年轻人找两位著名人士请教，其中一人是登山专家，另一人则是资深船长。他首先问登山专家："在爬山时，如果遇上暴雨，该怎么办？"

专家回答道："应该往山顶上走。"

年轻人很诧异："山顶上的风雨不是更大吗？"

专家解道："山上的风雨固然大，却不会危及生命，一旦下山，就极有可能被泥石流掩埋，所以一旦爬山遇上暴雨，必须迎着风雨向上攀登，为的是你的将来，你的生命。"年轻人若有所思地点点头。

年轻人又去拜访船长，他问道："船长先生，如果你遇上一场大风暴，您会怎么做？"

船长回答说："我会以最高速度向风暴驶去。"

年轻人不解，船长反问他："如果是你，你会怎么做？"

年轻人脱口而出："当然是掉头返航啦！"

船长摇摇头，说："不行的，风暴迟早会赶上来。"

年轻人再次猜测："不然调转船头90度避开风暴，怎么样？"

船长微笑着解答道："如果这样的话，不但避不开风暴，还会使船受损面积最大，是相当危险的！"

船长的一番话使年轻人陷入沉思……

突然，他开心地大叫起来："我终于明白了！面对困难，跑也没用，躲也没用，因为它迟早会抓住你，唯一的方法就是迎难而上，勇往直前！"

是啊，在人生路上，困难不可避免。既然不可避免，那我们就不该逃避、不该抱怨，就应该以坦然、积极乐观的态度对待困难。面对困难还应该树立不怕吃苦、不畏艰险的精神，面对长期的困难，耐心和坚持不懈的精神就显得特别重要。

困难并不可怕，可怕的是不能以正确的态度面对困难，在困难中使人倒下的往往不是困难本身，而是消极悲观的态度，是缺乏战胜困难的勇气和信心，是没有坚强的意志。

既然困难和逆境可以使人走向成熟，那么我们就不该白白地吃苦，要认真对待困难，勤于思考，一定会有所收获。

困难是一扇窗，面对它我们看到的是希望之光。蚕只有冲破厚厚的茧才能获得自由，蚌只有接受细细的沙才能孕育珍珠。动物尚且能面对困难，我们人类的勇气又到哪里去了呢？

困难总在你即将看到成功时出现，这正是它令你放弃的损招。只有善于思考，通过各种途径找到困难的突破口，才能较轻松地战胜困难。当贝多芬患上耳聋时，人们都认为一颗音乐之星陨落了。但贝多芬却用牙齿咬住铁棒，凭借铁棒触击钢琴的音键听到了自己演奏的乐曲。贝多芬面对困难仍能清楚地分析困难，找到解决困难的办法，难怪他说出了"苦难成就天才"的至理名言。

如果只是勇敢地面对困难，理智地分析困难，而不去付出时间与精力，不去脚踏实地地实践，那么困难仍是你面前的一堵墙。

战胜困难，我们登上了突破的阶梯；战胜困难，我们插上了坚强的翅膀；战胜困难，我们主宰着自己的命运。

面对困难，更要有坚持不懈的精神。镭的发现者居里夫人就是历经困难后才获成功的。当初，居里夫人的家庭条件不好，她却坚持实验，买材料的钱用完了，她和丈夫就砸锅卖铁换钱坚持实验。面对追债者的污言秽语，邻居们的讽刺，她没有放弃，她决心要跨过身前这道困难的墙。最后，她还是成功地发现了放射性元素——镭。是坚持不懈的精神让居里夫人跨越困难，赢得世人的赞许与尊敬。

人生就是在无际的大海上行驶的一叶扁舟，困难就是突如其来的风暴、海啸等灾害。面对困难，我们要有自信，努力奋斗，抗击困难，坚持不懈，才会到达成功的彼岸！

十、言行合一：说到一定要做到

"拉钩上吊，一百年不许变。"这是每个人儿时都会的一句话。当你对别人许下承诺的时候，别人都会憧憬着承诺实现那一天，但并不是每个人都能实现对别人的承诺，所以在许下承诺的时候一定要想清楚，想想自己能做到吗？

如果不能，那就请你不要对别人许下承诺，免得让人白白期盼。在生活中，每个人都有失信的时候，但有些人却对此不以为然，却不想想，这时被许诺人心里会多么失望。

青少年朋友，当别人对你失信时，你也不好受吧！所以推己及人，一定要对别人守信。这里有一个小故事，大家来看一下吧：

"与朋友交，言而有信。"小瑞虽然懂得这句话的含义，却体会不到它真正的意义，如今她明白了......

邻居家的孩子阳阳与小瑞同龄，有一天，她们约好了下午1点到图书馆见面，由于小瑞的粗心，把见面的时间记成2点。阳阳足足在图书馆等了一个小时，小瑞看出她虽然没说什么，但她很不开心。之后的几天里，她一直没有理小瑞。

有一次小瑞妈妈出门买菜恰好碰到了阳阳，问她："你怎么不理我家孩子啦？"

阳阳就把那天小瑞晚到图书馆的事告诉了小瑞妈妈。

小瑞妈妈听后说："与朋友交往，言而有信的道理她应该懂啊。没事，阳阳别伤心，我会教育她的。"

妈妈回家给小瑞讲道理。小瑞当时什么也没听进去，只是责怪阳阳怎么这点儿小事还给我告状，等妈妈讲完了，小瑞立刻去找阳阳，对她发起火来，说："别胡闹了！我都向你承认错误了，再说，我也不是故意晚来的！"

阳阳也生气了，大声说："你不守信用，还怪我吗？"

她俩谁也不理谁，不欢而散。

妈妈得知后，换了一种方式教育小瑞，她找了个时机对小瑞说："快过年了，明天妈妈下班早，下午4点钟，你去商场门口等我，给你买一件新衣服。"

第二天，小瑞按时来到商场门口等妈妈，可是令小瑞吃惊的却是——妈妈整整迟到了一个小时，真不守信用，小瑞气得撅着嘴，当时就想再也不理她了。

可是妈妈笑着对小瑞说："你知道等人的滋味了吧，那天你让阳阳苦等一个小时，我也叫你理解阳阳为什么对你发火啦，我故意来晚的。"听了妈妈的话，小瑞恍然大悟，知道这是妈妈的良苦用心啊!

妈妈接着说:"与朋友交往,要言而有信,更何况阳阳是你最好的朋友,就更不能失信了。弟子规中说:凡言出,信为先。就是说,说话做事要把诚信放在第一位,回去向阳阳道歉,请她和你明天再去图书馆,看看谁再失信!"

通过这件小事,使小瑞明白了,"与朋友交往,言而有信"的真正意义,知道了守诚信的重要性,诚信二字往往体现在生活小事上,你可能从未注意它,和朋友在一起,如果你守诚信,才能得到朋友的信任!

有位名人说:一个人严守诺言,比守卫他的财产更重要。所谓"一言既出,驷马难追",人一旦把话说出口,就一定要说话算数,不能再收回。一个人不管是做人还是做事,都要做到诚实守信。当然,我们每个人都可能失信,但应怀着抱歉的心情向被许诺人道歉,说出自己的为难之处,而不是不把它当回事,更不是忘了承诺,还用别的理由来搪塞。

古往今来,凡是品德高尚的人,都是说话算数的人。做人必须言而有信。只有有了诚信,人才能在社会立足,才能使他人信服,才能得到别人的尊敬。言而有信是做人最起码的原则。

元末明初文学家宋濂就是一个非常讲信用的人。宋濂小时候喜欢读书,但是家里很穷。也没钱买书,只好向人家借,每次借书,他都讲好期限,按时还书,从不违约,人们都乐意把书借给他。

有一次,小宋濂借到一本书,越读越爱不释手,便决定把它抄下来。可是还书的期限快到了。他只好连夜抄书。时值隆冬腊月,滴水成冰。他母亲说:"孩子,都半夜了,这么寒冷,天亮再朝抄吧。再说人家又不是等这书看。"

宋濂却不同意母亲的说法,他说:"不管人家等不等这本看,到期限就要还,这是个信用问题,也是尊重别人的表现。如果说话做事不讲信用，失信于人，怎么可能得到别人的尊重。"他母亲听了他的话，觉得他说得对，就不再反驳。但看头儿子受冻又心痛，没办法，只好把家里的被子给他披到身上。还有一次，宋濂要去远方向一位著名学者请教，并约好见面日期，谁知出发那天下了起鹅毛雪。当宋濂挑起行李准备上路时，母亲惊讶地说："这样的天气怎能出远门呀？再说，老师那里早已大雪封山了。你这一件旧棉袄，也抵御不住深山的严寒啊！"

宋濂说："娘，今不出发就会误会了拜师的日子，这就失约了；失约，就是对老师不尊重啊。风雪再大，我都得上路。"说完，不顾母亲的再三劝阻，顶风冒雪就上路了。

当宋濂到达老师家里时，老师感动地称赞说道："年轻人，守信好学，将来必有出息！"

英国政治家福克斯以其言而有信著称。他的父亲，曾给小福克斯上了生动的一课，给他的心中留下一个不可磨灭的印象。福克斯家的花园里有一座旧亭子，他的父亲想将其拆除，并在较为开阔处另建一座。小福克斯从住宿学校回家度假，正巧赶上工人在拆迁亭子。

福克斯很想亲眼看一看亭子是怎样拆除的，所以他打算迟些天返校。父亲却要他准时到校上课，父亲答应将亭子的拆迁推迟到来年假期。于是小福克斯就离家返校了。父亲想，学校里儿子忙于学习，慢慢地会把此事忘掉。于是，儿子一走，他就让人把亭子拆了，在另一处盖了一座新的。谁想到儿子却一直把亭子这件事记在心头。

假期又到了，小福克斯一回家，就朝旧亭子走去，谁知旧亭子已经不见了。早餐时，他闷闷不乐地对父亲说："你说话不算数！"

父亲听后大为震惊，严肃地说："孩子，你说得对，我错了，我应该改，言而有信比财富更重要，纵有万贯家产也不能抵消食言给心灵带来的污点。"说罢，父亲随即让人在原地盖起了一座亭子，再当着孩子的面将其拆除了。

诚实守信，是为人之本。诚实守信是做人的起码要求，是一个人立身处世之本，也是维系人与人关系的重要纽带。如果离开了诚实守信这一基本准则，人们之间的交往就很难延续下去。可是，我们怎样才能养成说到做到的好习惯呢？以下几点需要我们注意：

在答应别人的要求之前认真想一想，看看自己是否有能力、是否愿意满足对方的要求。如果认为自己的条件还不具备，就不要轻易答应对方。凡是自己已经答应做的事情，就要认真去做。青少年有时因为考虑问题不周全，可能会遇到困难，那也不要轻易放弃，可寻求成年人或同伴的帮助，把事情做好。

有时承诺对方的可能是一件很小的事情，那也要认真去做，不能认为小事情忽略了没关系，因为人的文明程度是体现在方方面面的。

如果已经答应了的事情确实难以完成，也不要找种种借口加以逃脱。应该向对方说明原因，用诚挚的态度向对方表示歉意，在今后尽量避免类似的情况出现。

诚实守信，说到做到。看似简单，做起来并没有那么容易。诚信就如一张金名片，人只要诚实守信，有社会责任感，就一定会受到社会的尊重。人只有拥有诚信，才有望走上成功大道。

在现代社会，信用成为衡量一个人的基础。只有那些"言而有信"的人才能够得到别人信任，才是获得成功的基石。相反，那些"言而无信"之徒是怎么也不会得到别人信任的。

"言而无信，行之不远。"许多事实都可以证明，制假售假、坑蒙拐骗者，他们可逞一时之快，得一时之利，但必以东窗事发、身败名裂而告终。从古至今，没有一项事业能够建立在无诚无信的沙滩之上。只有信守承诺才能最终通向成功。

信用仿佛一条细线，一旦断了，想要再接起来就是难上加难。所以，青少年朋友，我们不妨从身边的小事做起，播种诚信，我们得到的绝不仅仅是朋友的信任，还有值得信赖的整个世界。

第二章

惜时与勤奋——珍惜时光，不断前进

虽然人生短暂，没有多少时间可以由我们支配，但是，我们可以在有限的时间里，做出更多有价值的事情。不要为失去的时光而伤心，要把握现在，绽放属于我们青春的光芒。

青少年犹如早晨八九点钟的太阳，朝气蓬勃，青春期正是学习的黄金时期。青少年要端正态度，给自己树立目标，努力在有限的时间里学习更多的知识，从而使自己登上更高的山峰。

一、人生短暂：时间就是生命

一位名人说过：你知道什么是沮丧吗？那就是当你花了一生的时间爬梯子并最终达到顶端的时候，却发现这并不是你想上的那堵墙。

也许，你看完会觉得它只是一段笑话，但如果仔细品味，我们就会发现，它在告诉我们一个真理：时间就是生命。我们的许多时间就是在这毫无意义的"墙"上浪费了。

人生没有回头箭，那么，你所能做的是什么呢？就是珍惜时间，不要为逝去的时间而耿耿于怀，要努力让以后的时间变得更有价值、让生命更加充实、更加有意义！

可是，许多青少年却不知道珍惜时间，常常表现得松懈、懒散，老师布置的作业没有认真完成，课外的时间没有好好利用，这是令人痛心的事。还有些青少年，明知道时间宝贵，却又不能控制自己的行为，结果一边犯错，一边后悔不已。这些都是我们应该注意改正的。

我们来看一个小故事，看故事中的小主人公是如何学会珍惜时间的吧：

快期末考试了，大家都忙上忙下的，书淑清楚自己也进入了复习阶段，也应该像大家一样忙起来，可她却没把这事儿放在心里，后来才明白，这样做是极其不对的。

昨天晚上，爸爸在书淑的书包里翻到了一张要求背诵的学科试卷，他要求书淑一定要在他办完事儿回来前完成背诵任务。

"好——"书淑拖着长长的调子，漫不经心地回答。

爸爸走之后，书淑自言自语道："哼！不就是背诵吗，小菜一碟！"说着，她随手拿起那张要求背诵的试卷，摇头晃脑地读了起来，表面上看起来是蛮认真的，可她却是小和尚念经——有口无心！只顾着完成任务快点上网，丝毫没有明白其中的道理。

忽然，书淑的目光停留在餐桌上的一盒脆饼干上，于是她把背诵的事儿抛到了九霄云外，放下试卷，冲过去，抓起饼干吃了起来。

后来，她又被茶几上的三本漫画给吸引住了。于是她扔下饼干，拿起漫画书，津津有味地看了起来......就这样，书淑一会儿看这个，一会玩那个，可悠闲自在了！

不知过了多久，爸爸办完事回来了，可书淑还是原来老样子，试卷上的内容一条也不会背诵，再加上满地的果皮纸屑，一片狼藉，她后悔极了，不知道该怎样向爸爸交代，心想，这下我完蛋了！

谁知，爸爸却心平气和地对她说："我知道，我们家书淑是不用复习也能考高分的，是吗？"

听了爸爸的话书淑更加惭愧了，脸涨得通红，羞涩地站在那儿，战战兢兢地说了声："对......对不起......"，话没说完，泪水在眼眶里直打转。

爸爸看着书淑一副可怜巴巴的样子，笑着说："没关系，只要知错能改，你一定是最棒的孩子！"

听了爸爸的话，书淑又重新振作起来，大声地说："好！我一定将功补过！"说着，她捧起试卷，专心致志地读了起来。终于，她完成了背诵任务，心里踏实多了。爸爸也开心地笑了！

通过这件事情书淑知道了：一寸光阴一寸金，无论做什么事都要珍惜时间，不能像自己第一次背诵试卷那样，只顾着玩，最后只有后悔，幸亏爸爸这次给了她一次机会，要感谢爸爸！

钱花完了，还可以再挣；东西丢了，还可以再买。唯独时间，稍纵即逝，一去不复返，不管你高兴还是忧伤，它再也无法回来。

正如故事中的书淑小朋友，虽然认识到了错误，但是浪费的时间，总归是浪费了，即使爸爸又给了她一次机会，失去的时间怎么也找不回来了。

不过还好，她还是醒悟了，并且努力改正了错误，这是我们需要学习的。时间就是这样，既是公平的又是无情的，不管你是否在合理运用，它都不会停止，永远也不会停止。

诗人莎士比亚说过："时间是无声的脚步，不会因为我们有许多事情要处理而稍停片刻。"

时间在你洗手的时候，从水盆里过去；在你吃饭的时候，从饭碗里过去；在你沉默的时候，时间便从你凝然的双眼前悄然而流失。

现实中的时间与我们的感觉中的时间并不一致，许多时候，我们感觉过了很久，却发现不过只是一会儿；有时我们感觉不过就那么几分钟而已，看看表，却发现已经过了很久。时间就是这样，不是让它快它就快，让它慢它就慢，有时甚至觉得它在和我们唱反调，要它快，它偏要慢；要它慢，它偏要快！

时间与生命，是与人类相始终的永恒的命题。时间赋予生命以内容，同时也会舍弃生命。时间就好像是一架可怕的机器，它可以摧毁一切的辉煌、壮丽，让所有的一切沉归历史，然后化作烟消云散。

任何惊人与伟大，在时间面前竟显得如此渺小。然而，时间可以创造一切，但它和造物主唯一不同的是，造物主给了我们智慧，给了我们选择权，而时间不会给我们任何选择，它只会一去不复返。

不珍惜时间的人，终将被时间抛弃，这就是人生。时间永在流逝，每天都在成为历史，而已存在的历史长河中，每条生命都是短暂的。

著名的科学家富兰克林说过："你热爱生命吗？那就别浪费时间，因为时间是组成生命的材料。"

任何知识都要在时间当中获得，任何工作都要在时间中进行，任何才智都要在时间当中显现，任何财富都要在时间中创造。珍惜时间就是在珍惜生命，只有这样，你的生命才会散发出光芒。

时间对于不同的人，意味着不同的结果。对商人，时间意味着金钱；对科学家，时间意味着知识与探索；对农民，时间意味着收成与丰收；对于我们青少年来说，时间意味着希望与成功。

一个时间观念很强的人，会很好地运用时间，这样的人在人生的道路上一定会成功。因为他们知道时间对自己的意义，绝不会在不能给自己带来益处的人和事上浪费一分一秒。他们时时都知道什么才是最重要的，什么才是自己应该去做的。

上帝是公平的，他给了每个人同样宝贵的生命，同样宝贵的时间与机会。然而人们之间产生的，却是迥然相异的人生。

对于青少年来说，时间的三大杀手一般为：拖延、犹豫不决、目标不明确。归其原因就是因为没有认识到时间的价值。如果你已经认识到时间的价值，认识到人生中什么是最重要的，什么是需要努力与付出的，那么，相信你已经离成功不远了。

所有的成功者都是能够把握自己时间的人，他们都能认识到时间对自己的价值，如果你还没有认识到时间的价值，那么就算你掌握再多的时间管理技巧也都是白费，这也就像你已经走错了路，就算拼命地跑也没用，而且还会离目标越来越远。

我们一定要好好地珍惜时间！虽然对过去的时间无可奈何，但也不必去回头追寻，把现在的、未来的时间好好把握住，努力地充实自己，从而让自己的每一刻时间都印上生命的足迹，这才是最有意义的事情。

二、不要拖延：今天事今天做

一般来说，每一个人身上都有着一定的惰性。一件事情在不是很着急的时候，都喜欢往后拖一拖。今日的事情总是拖到明天去做，甚至拖到后天去做。青少年原本自制力就差，再加上没有时间观念，结果就会变得更加糟糕。

从某种意义上而言，做事拖拉就是浪费生命，就是慢性自杀。拖拉的青少年经常为积压的作业而倍感痛苦，从而影响学习的质量，更影响了身心健康。到最后是，身体没有调养好，学习也没有提高上去，正所谓两败俱伤。

在现实生活中，这样的例子可以说是随处可见，比比皆是。这不，已经是初中生的小新就面临着这样的问题：

> 小新是某学校七年级的学生，学习应该算是班上最好的，因为他的头脑比较聪明。各方面都表现优异的他，唯独不喜欢做作业。他不喜欢做作业最大的原因就是他做事情比较拖拉。
>
> 有一次，语文老师布置了一个作业，是写一篇作文，作文题目是《我心中的梦想》，规定是在一周之内必须交上去。
>
> 老师规定的是一周之内完成，时间相对很宽松，不过，条件是在认真准备的基础上。但是对于小强来说，前四天的他仍然是心不在焉的、看似轻闲的，因为他始终觉得还不用着急；第五天、第六天也只是随便拿了本作文书翻了翻。
>
> 到了第七天，大限逼近，他才像疯了一样赶着完成这篇作文。往往都是不到最后一秒钟，小新是不会搞定老师布置的所有作业。因此，总是到了最后的关头，他才让自己着急的心放下。
>
> 虽然他仍然是班上成绩最好的一个，但你别以为他学习得

法、有张有弛。其实，在看似无所事事的前几天里，他一直备受煎熬，每天他都不停地告诉自己：该动笔了，时间不多了！

可是，他就是无法进入学习状态，仍旧忍不住坐在电视机前浪费时间。一天的时间很快就过去了，他又不断地谴责自己：这么没有效率，真是无可救药！

从这个故事当中，我们可以看出，小新也是习惯性拖延者中的一员。其实，在我们的生活中，有20%的人都过着这种拖拖拉拉的生活。

有人曾说道："拖拉是一种慢性毒药，它慢慢地征服勇气，使其变得迟钝。"可见，拖拉会影响一个人的健康成长，也会阻碍创造力的发挥。

你能够把握的就是今天。昨天已成了历史，明天尚不明确。只有今日，才是属于我们自己的。昨日的不足，今日尚可弥补；明日的目标，今日也可谋划。赶快行动起来，分秒必争更重要。

在生命之中，最好的时态就是现在进行时，最好的时光就是现在，是正在进行之中，正被我们拥有的今天。只有今天才是丰富而真实、鲜艳而美丽的。如果我们都能见缝插针地好好利用那些属于我们的时间，找点事情做做，肯定会有意想不到的收获，并且等于延长了生命。

只有今天，才是人生赐予你的一份礼物。东升的太阳预示着我们将会拥有一个新的开始，那是我们的机会，我们可以利用它弥补过去的遗憾。面对过去的成功，不应该再沉迷了，因为它会使我们变得骄傲自满。我们应当时时刻刻提醒自己，过去的成功并不代表一切，挑战未来才是现在要做的。

人的一生，是由许许多多的昨天、今天与明天构成的。正因为有了它们才让我们有了美好的回忆，有了努力奋斗的动力，有了对未来的展望。这点点滴滴，把我们的人生谱写成了一页页七彩的篇章。

绝不要拖延每一分钟，立即行动吧！任何时刻，当你感到拖延的恶习正悄悄地向你靠近，或当此恶习已迅速缠上你，使你动弹不得的时候，你都要用这句话来提醒自己。

要知道，拖延只是一种坏习惯，改正它并不难。我们究竟应该怎么去克服属于自己身上的那种惰性，克服遇事拖拉的毛病呢？以下方法不妨一看：

一是从今天做起。不论明天是一个多么"规整"的日子，无论你今天多累，有多少理由，要是你真的想改进自己，就马上列个事情明细单，定个时间表，强迫自己把事情做下去。这一步重要的是体会完成事情后的轻松状感受。不做事，心里不踏实，也是休息不好的。

二是马上制订一个能够胜任的学习计划。在第一天的学习、工作之余，还要制订一个近期学习计划。计划要能胜任，时间订得较宽松些，也适合自己的作息习惯。这一步重要的是找到你希望坚持、喜欢做的一件小事，有兴趣的小事能够坚持不懈，也能为自己带来信心和愉悦感。

三是将一件事情分割成几个小部分来做。这点看起来容易，但是需要经验，因为分割后的每个小部分之间并不一定是完全独立的，可能需要你在做这个部分工作的同时，也要想到其他部分可能发生的情况。在每个小部分完成后，还需要花点时间把它们整合起来。

四是分清事情的轻重缓急，逐步安排整块与零散时间，不要避重就轻。事情肯定会有轻重缓急，先集中时间，把最重要的先完成，不重要的拖拉一下自己也不会担心。利用好零散的时间做事，可以在不知不觉中完成烦琐的杂务。这一步最重要的是不要怕做难做的事情。

五是限定完成期限。如果你是一个没有什么时间观念的人，可以试试给自己强行制定出一段时间需要完成的任务。例如，在接下来的一个小时里，要看完10页书。

六是分时段学习，不要连续学习。注意劳逸结合，尝试用一至两个小时努力学习，搞出成果，然后给自己一个短暂的休息。不要持续拼命地学习，这样做未必有最高的学习效率。

七是从最简单的方面入手。如果一项任务既庞大又复杂，让你觉得无从下手。那么你可以试试从最简单的方面入手，循序渐进。这样既可以节省时间，又不会让自己有借口拖延。

八是让别人一同参与。和你的家人，朋友或是同学打个赌，让他们证明你会在特定的时间完成了你的学习。或者用别的方式让自己克服懒惰，对应该完成的任务负起责任。

九是要尽可能排除干扰。如果你觉得学习时总会受到干扰，试着找出原因，尽量排除干扰。或者搬到一个你可以专心学习的地方。如果你需要很安静的环境，关掉电视、电话、电脑和任何会让你从学习中分心的东西。

"赶快行动！还等什么！"拖拉的人要经常对自己这样说。不要给自己理由，也不要给自己留有余地。要对自己严厉地说："非做不可！而且是现在就开始。"然后想象一下在最后期限前面对一大摊事务的痛苦，借此来告诫自己。

青少年朋友，我们应该明白：自己的学业要靠自己完成，自己人生旅途上的任何目标也要由自己来定位和实现。我们要仔细思考：被拖拉的事迟早要做，为什么要等一下？

青春终究是我们自己的，人生终究不能靠别人，我们为什么还要在等待中折磨自己呢？让我们从现在开始，告别拖延，今天的事情今天完成吧！

三、节省时间：一寸光阴一寸金

正所谓："一寸光阴一寸金，寸金难买寸光阴。"时间可变成金钱，但金钱却买不到时间。时间不会为任何人停留，时间的步伐更不会变慢。

时光如白驹过隙，转眼间它又消逝了一部分，可是我们要做的事情还有很多很多。面对时间的不可停留，我们在感叹时光匆匆的同时，是否也付诸了行动？

世界上最大的浪费莫过于浪费时间。人生实在太短暂，我们应该想方设法在最短的时间内完成更多的事情。我们必须节省时间，多做事情。特别是对于我们青少年来说，时间更具有特别的意义。考场上，抓住了时间，可能就赢得了好成绩，而失去了时间，只能后悔不已。

让我们先来看一个关于时间的小故事吧：

你知道吗？有的时候，我总能听到有人在懊悔，悔恨自己没有珍惜时间。小苗也曾是如此，但她自从经历过那件事之后，就慢慢地懂得了珍惜时间。

还记得，当时有一次考试将要临近，大家都在拼着命地复习，而小苗却不以为然，依然在优哉地玩耍。

她一边看着大家努力地复习，一边想："唉，用得着这么用功吗？不就是一场普通的考试吗？你们平时不烧香，临时抱佛脚能有什么用？难道考试前看看书，就能考个100分？"

就这样，很快就到了考试那天，同学们自信满满地走进了考场。而小苗这时的心却像十五个吊桶打水——七上八下，生怕考题不会做，便安慰自己说：没事的，应该都会的。

过了一会儿，老师发试卷了，在老师说考试开始后，同学们都纷纷拿起笔刷刷地写着，可小苗却像个木头人，坐在那里拿着笔一个劲地发呆。

因为前几天她根本就没有复习，所以这些题目对她来说简直就像天书一样。再看看别的同学们，有的在冥思苦想，有的在埋头答题，这给她制造了很大的压力，就像是一块巨大的石头压在了心头。终于，到了最后的紧要关头，小苗不管三七二十一，硬着头皮写了一些不知对错的东西。

考完试，小苗便收拾东西打算回家，就在这时，同桌兴奋地跑来对她说："小苗，你考得怎么样？你知道吗？这次我好像比上次考得好耶。"

听她这么一说，小苗的心如刀割，表面却漫不经心地说："唉，不就是一场考试吗？要不是我之前没时间复习，说不定还能考个100分呢。"

小苗刚一说完，马上就遭到了同桌的反驳："你还有脸说呢，我们在复习的时候你在干吗？怎么会没时间呢？时间是靠人一点点节省来的，不是你说有就有，说没有就没有的，你说对吗？"

听完同桌的话，小苗不知道该说什么，只是羞愧地低着头，不断地在心里指责自己。

是啊，以前每次要考试的时候小苗都想过要认真地复习，可坚持没几天，小苗就再也没坚持下去了，总是半途而废。再也不能这样了，小苗决定要从今天开始，抓住每一分钟，不能让青春这样白白浪费掉。

人的一生是十分短暂的，在短暂的人生旅途中，有的人荒废了光阴，虚度一生，有的人却能很出色，因为他们把握住了时间。少壮不努力，老大徒伤悲。伟人尚且如此，作为青少年，更应该懂得珍惜并节省时间，如果能够做到这一点，时间将会以丰厚的知识回报你。一个人的生命是有限的，读书求学的时光更应该值得珍惜。

那么，我们怎么样才能够有效地利用每一分、每一秒，让我们的青春不浪费掉呢？以下是一些节省时间的好方法，大家不妨看一看、学一学：

一是改变你的想法。美国心理学之父威廉·詹姆士在对时间行为学的研究中发现，人们对待时间的态度有两种："这件工作必须完成，但它实在讨厌，所以我能拖便尽量拖"和"这不是件令人愉快的工作，但它必须完成，所以我得马上动手，好让自己能早些摆脱它"。

当你有了动机，迅速踏出第一步是很重要的。不必立刻推翻自己的整个习惯，只需强迫自己现在就去做你所拖延的某件事。然后，从明早开始，每天都从你的工作清单中选出最不想做的事情先做。

二是分析起始点。一个没有起始点的人，就像一个无从规划自己的航程的掌舵人，即使拥有了地图和指南针，仍然会无可奈何地迷失方向。所以，只有当你明确知道自己现在所处的位置时，地图和指南针才能发挥作用。

分析自己的起始点，就是要你拿出时间，对自己做一个正确的认识和评价，对自己有了一个全面的了解，才能根据自己的实际进行目标的确立和人生的规划。

三是学会列清单。把自己要做的每一件事情都写下来，这样做首先能让你随时都明确自己手头上的任务。不要轻信自己可以用脑子把每件事情都记住，而且当你看到自己长长的单子时，也会产生紧迫感。

四是分清重要事和紧急事。生活中肯定会有一些突发困扰和迫不及待要解决的问题，如果你发现自己天天都在处理这些事情，那表示你的时间管理并不理想。成功者花最多时间在做最重要、而不是最紧急的事情上，然而一般人都是做紧急但不重要的事。

五是想法使自己的注意力集中。一个人如果注意力不集中，他将无法真正进入学习的状态。这是因为即使你挤出时间来学习，注意力不集中，学习效率不高，即使学到了东西，进入脑子中的东西也不会牢固，而且又浪费了大量的宝贵时间。花费了时间却没有学到知识的话，那更是对时间的一种浪费。

正所谓"磨刀不误砍柴工"，一个人只有使自己的注意力集中了，才能做出成绩。每天至少要有半小时到一小时的"不被干扰"时间。假如你有一个小时完全不受任何人干扰，把自己关在自己的空间里面思考或者学习，那么这一个小时可以抵过你一天的学习，甚至有时候这一小时比你三天学习的成果还要好。

六是严格规定完成期限。巴金森在其所著的《巴金森法则》中写下了这段话："你有多少时间完成工作，工作就会自动变成需要那么多时间。"

如果你有一整天的时间可以做某项工作，你就会花一天的时间去做它。而如果你只有一小时的时间可以做这项工作，你就会更迅速有效地在一小时内做完它。

七是做好时间日志。你花了多少时间在做哪些事情，把它详细地记录下来，把每天花的时间一一记录下来，你会清晰地发现浪费了哪些时间。这和记账是一个道理。当你找到浪费时间的根源，你才有办法改变现状。

八是花时间寻找出问题或障碍的最佳解决办法。有时，问题的解决办法不止一种，最容易想到的办法不一定就是最好、最有效的。所以，花些时间进行思考，寻找出解决问题的最佳途径，使问题得到顺利解决。

九是明白时间比金钱更宝贵。用你的金钱去换取别人的成功经验，一定要抓住一切机会向顶尖人士学习。仔细选择你接触的对象，因为这会节省你很多时间。

十是学会投资时间。对于一个会利用时间的人来说，时间是永远都用不完的。因为他懂得投资时间，懂得花一点时间把事情的轻重缓急弄明白，懂得投资时间就是在节省时间，利用时间。有时候大家需要花点时间来反省自己，进行学习和生活的总结。

很多人认为，反省自己简直是在浪费时间。其实并不是这样的。通过自我反省，努力寻求解决问题的方法，并从中悟到失败的教训和不完美的根源，全力做出纠正，就可以免去下次再犯此类错误，反而能节省下解决问题的大量时间。

总之，我们不要忘记了，时间是一去不复返的，让我们从现在开始，珍惜我们生命中的分分秒秒吧！

四、专心致志：不要随便开小差

时间是人生中最宝贵的东西，我们任何人都不能离开时间而生活。特别是青春时期，青少年要在自己大好年华中，多去利用好宝贵时间，千万不能把时间给浪费了，要做到无论做什么事情都要学会一心一意去做，抵制自己的分心行为。

可是，在现实生活中，许多青少年朋友往往经不起外界的干扰，非常容易开小差。这固然和外界的影响不无关系，但是，更多的原因还是在于我们自己缺乏自制力。

现在，就让我们来看一个小故事吧：

你知道什么是"神游"吗？肯定不知道吧！"神游"就是"开小差"，其实这是一个基本上人人都有的坏习惯。一堂语文课正在进行，同学们都在津津有味地读书，小明开小差了……

老师问大家刚才布置的几个问题完成没有，小明也和其他同学一样，一起答道"知道了"。

老师知道小明是心不在焉，因为他仍低着头专注自己的"事业"。于是老师说："大家再仔细看看这些难写的字词，现在老师找几个同学到黑板前去写一下。"

几个同学举起了手，老师叫小明上来，小明怔住了，站起来先是着急，随即立刻抓紧时间瞄了一眼课本。

老师让小明写耀眼的"耀"，事实上，小明不会写，这时他的脸色很不好，目光呆呆地对着老师，一丝歉意的微笑也很不自然，有点手足无措。

所有同学都被小明的表现惹得哈哈大笑，看着他的样子，老师也笑了，想到平时学生在写作文最难的就是不能细致描写人物的神态与心理，何不抓住这个机会让学生有感而发呢？老师笑着说："小明，只要你能说出此时的心理感受，老师就原谅你刚才上课开小差。"

可是小明已经完全懵了，眼睛呆呆地看着老师，嘴角的笑也是那么尴尬，手也不知道放在什么地方合适，整个人像木偶一样。

　　同学们捧腹大笑，老师想到小明平时其实也是个很上进的学生，而且此时已经知道自己的错误了，于是不想伤害到他，就请他坐下了。

　　课堂上开小差，对任何一个人都没有好处。不但自己学不到知识，还会影响其他同学。有话下课讲，要玩下课玩。上课开小差，老师讲的话一句也听不进去，应该掌握的要点、知识也都掌握不好。

　　除了课堂上不能开小差之外，我们做任何事情都不能随便分心。日常生活中，很多的事情都是需要我们专心致志去做的。

　　刚被安排了一些事情，结果又有一大堆事情侵扰着自己的学习或是生活，这时，作为青少年的你，就需要保持一颗安静的心，去全心全意做好手头最重要的一件事情，不可以在做事情时三心二意。

　　在学习生活中，不管青少年遇到什么事情，都应该去珍惜自己的时间，视时间为生命，尽量收起自己混乱的思绪，去抵制分心。其实，分心就像生命中的一个小蛀虫，看你怎么战胜它，你若怕它，你就会被它所击垮。但是，如果你能抵制分心，你就能完全凌驾于其上。

　　以下是一些训练专心的方法，相信对于课堂开小差的同学是十分有用的，我们大家不妨认真学习一下吧：

　　第一个方法是要充分运用积极目标的力量，提高自己注意力和专心这种能力。就是当你给自己设定了一个要自觉提高自己注意力和专心能力的目标时，你就会发现，在非常短的时间内，你集中注意力这种能力会有迅速的发展和变化。

　　完成这个进步，要有一个目标，就是从现在开始比过去更善于集中注意力。尽量让自己不论做任何事情，一旦开始，能够迅速地不受干扰。这是非常重要的。

　　第二个方法就是要有培养自己注意力集中和专心致志这种素质的兴趣。有了这种兴趣，就会给自己设置很多训练的项目，训练的方式，训练的手段。我们在休息和玩耍中可以散漫自在，而如果一旦开始做一件事情，迅速集中自己的注意力就是一种才能。让自己对这种才能感兴趣，才会有动力提高它。

第三个方法就是一定要有能够提高自己集中注意力能力的自信。

千万不要受自己和他人的不良暗示。有的家长从小就这样说孩子：我的孩子注意力总是不集中。因而造成许多同学也这样认为自己。不要在心里这样认定自己，因为这种状态是可以消除的。

对于绝大多数同学，只要有这个自信心，相信自己具备迅速提高注意力的能力，并能够掌握专心的方法，你就能具备这种素质。我们都是正常人、健康人，只要我们下定决心不受干扰，排除干扰，我们肯定可以做到注意力的高度集中。

第四个方法就是要善于排除外界对自己的各种干扰。我们知道，一些优秀的军事家在炮火连天的情况下，也依然能够非常沉稳地、注意力高度集中地在指挥中心判断战略战术的选择和取向。这种抗拒环境干扰的能力，需要训练。

第五个方法是要善于排除内心的干扰。在这里要排除的不是环境的干扰，而是我们内心的干扰。环境可能很安静，在课堂上，周围的同学都坐得很端正，但是自己内心却可能有一种骚动，有一种干扰自己听课的情绪活动，有一种与这个学习气氛不相关的兴奋。对这些干扰自己的情绪活动，要善于将它们放下来，予以排除。

这时候，我们要学会让自己的身体坐端正，将身体放松，将整个面部表情放松下来，将内心各种情绪的干扰随同身体的放松都丢到一边。

有的时候并不是周围的环境在干扰你，而是你自己心里有各种各样的思绪干扰你。要学会去除它们。

第六个方法就是一定要节奏分明地处理学习和休息的交替。正确的态度是要将两者分清。比如从现在开始，集中一小时的精力，背诵80个英语单词，看能不能背诵下来。然后高度地集中注意力，尝试着一定把这些单词记下来。当学习完成，再休息玩耍。再次进入学习的时候，又能集中注意力。这叫张弛有度。

要这样训练自己：安静的时候，像一棵树；行动的时候，像闪电雷霆；休息的时候，像流水一样放松；学习的时候，却像进攻一样集中优势兵力。这样的训练才能使自己越来越具备注意力集中的能力。

第七个方法非常简单，当你在家中复习功课或学习时，要将书桌上与你此时学习内容无关的其他书籍、物品全部清走。

在你的视野中，只有你现在要学习的科目。这种空间上的处理，是你训练自己注意力集中时最初阶段的一个必要手段。

所以，在训练自己注意力的最初阶段，要做一件事情之前，首先要清除书桌上其他无关的东西。然后，使自己迅速进入主题。

第八个方法就是清理自己的大脑。收拾书桌是为了用视野中的清理集中自己的注意力，那么，你同时也可以清理自己的大脑。如果你经常收拾书桌，慢慢就会有一个形象的类比，觉得自己的大脑也像一个书桌一样。

大脑是一个屏幕，那里面也堆放着很多东西，一上来，将在自己心头此时此刻活动着的各种无关的情绪、思绪和信息收掉，在大脑中就留下你现在要进行的科目，就像收拾你的桌子一样。

第九个方法也是上面的延续，我们清理了自己的书桌，其实，我们可以此类比进行视觉、听觉、感觉方方面面的类似训练。我们可以训练自己在一定时间内盯视一个目标，而不被其他的图像所转移。

可以训练自己在一段时间内从万千种声音中聆听一种声音。也可以在整个世界中只感觉太阳的存在或者只感觉月亮的存在，或者只感觉周围空气的温度。这种感觉上的专心训练是进行注意力训练的有效的手段。

第十个方法很容易理解，同学们都会意识到，我们对于自己较好理解的事物、有兴趣的事物，当去探究它、观察它时，就比较容易集中注意力。在这种情况下，我们就有了正反两个方面的对策。正的对策是，我们要利用自己的理解力、利用自己的兴趣集中自己的注意力。而反过来对那些自己还缺乏理解、缺乏兴趣的事物，当我们必须研究、学习它们时，就要训练自己的兴趣和注意力了。

如果你对这些内容缺乏兴趣，那么你就要这样想，兴趣是在学习、掌握和实践的过程中逐步培养的。你可以通过逐渐深入了解它们，来渐渐对它们产生好奇，发生兴趣。

成功是一瞬的辉煌，其前提是艰辛的努力。潜藏在我们心灵的宝石蒙着厚厚的尘土，需要我们细细清洗，需要我们去认真挖掘。但是，浮躁和浅尝辄止是没有成功的可能的。纵观各行各业出类拔萃的优秀人士，尽管这些成功人士的优点不一，成就也在不同的领域，专心却是他们都有的也是最基本的特点之一。因为专心，才能心无旁骛勇往直前，获得成功。拥有一颗专注的心，即使你只是平凡的满天星，也能绽放无尽的绚烂。

五、惜时如金：抱怨是浪费时间

现在有很多青少年朋友都在抱怨这个太差，抱怨那个不如意。可是光抱怨又能改变什么呢？我们应该停止抱怨，用更多的时间去为我们的将来，为我们的目标奋斗！

许多时候，抱怨只是在浪费我们宝贵的时间，或者说我们只是在抱怨中逃避自己应该承担的责任。此时我们最需要做的不是抱怨，而是坐下来冷静一下，分析问题，积极寻找解决或者挽回的办法。

亲爱的青少年朋友，让我们来看一个关于抱怨的小故事：

　　小辰消灭了一整块巧克力，看着手中的空盒，不由感叹——还是暑假好呀，有那么多时间休息，有那么多好吃的。
　　"周二返校，作业完成没？"

"还好，作文只剩两篇，快了吧！"

什么？当小辰听到班级QQ群上这段对话时，顿时傻了，她为什么不知道？

"我为什么不知道？你为什么不告诉我？"小辰对着妈妈喊。刚考完试，她就去旅游了，作业是妈妈代记的。

"我也不知道，老师没跟我说呀。不过也该说你，半个暑假过去了，你都做了什么呀？"妈妈的话头一转教训起了她。

这些话说得也对，但对于又气又怒又焦急的人——比如小辰，根本就是废话，因为她根本听不进去。她气冲冲的把门锁上，谁也别想进来，谁也别想打扰她！她听见门外妈妈轻叹了一声，走开了。

叹什么？叹她这个又懒又蠢的女儿？小辰听了，心里好像堵得更厉害了。她气恼地把笔扔在地上。

"为什么不早告诉我，我什么也不知道呀，都怪你……"小辰当然不可能拿自己出气，只得一个劲地抱怨别人。

抱怨老师，布置这么多作业；抱怨同学，作业为什么做得这么快；抱怨妈妈，为什么不问清楚……唯独忘了自己，她把自己的错排除在外，一个劲地迁怒于人，却没注意到这一点。

小辰翻开语文作业，用近乎怨恨的眼神看上面的阅读题，仿佛这些是世上最可恶的敌人。接着，她看到了阅读题里面有这样的一个故事：

"在非洲大草原上，有最快的羚羊与狮子，他们是天敌，每天都在飞快奔跑，最快的羚羊要摆脱最快的狮子，而最快的狮子誓要追上羚羊。

"同样是为了生存，他们必须全力奔跑，面对生死这个巨大的问题，没时间抱怨。在危急的时刻，抱怨是无用的……"

是呀，抱怨是无用的，冷静下来，想出路才是最重要呀！

小辰忽然觉得自己迁怒他人的举动真傻。"我来算算，还有15篇作业，只有五天时间了，虽然只有五天，但每天赶三篇应该来得及……"她喃喃自语起来。

接着，她捡起了那只被扔掉的笔……

请不要抱怨。我们要把这句话送给世界上所有的人。正如故事的小主人公那样，与其坐在那里抱怨东、抱怨西，不如抓紧时间做作业。坐在那里抱怨，作业也不会自己完成。

做作业如此，做任何事都是一样。不论遇到什么事，千万不要先去抱怨别人。周杰伦在成名之前他在一个小饭馆打工，后来他迷恋上了歌曲，然后就疯狂地写歌，有时一天竟写了一百多首。随后他就去唱片公司，请求他们给自己录一些唱片，可是没有一家唱片公司愿意录他的歌，他也不报怨，一遍一遍地上门请求，后来一家公司的老板被他那坚持不懈的精神所打动，终于接受了周杰伦的请求。

但是，老板要求他必须写10首歌，从中挑出五首最好的，周杰伦在10天之内写了50首歌，老板终于给他录了唱片，这就是他的第一张唱片《Jay周》。周杰伦没有抱怨自己的处境和各唱片公司的老板，最终也成为一名世人瞩目的歌星。停止抱怨吧！停止抱怨，我们才能正确面对现实。与其用时间去抱怨，那还不如用时间去面对现实。

停止抱怨吧！不要去抱怨你的命运为何如此悲惨，因为在这个世界上，有不少人比你更加悲惨呢。停止抱怨吧！这样我们才能战胜困难。20世纪初，有一位意大利小银行家弗兰克，由于某种原因银行倒闭了，可是他并没有用大量的时间来抱怨，他用了三十年的时间来赚钱赔给当时因为银行倒闭而没有拿到钱的储户，这本不是他的义务与责任，可是他却做了。停止抱怨吧！这样我们才能走进成功的大门。家喻户晓的画家达芬奇在刚开始学习画画时，他的老师让他画鸡蛋，达·芬奇画了不长时间就开始抱怨了，老师却对他说，只有打下稳健的基础才能画出好的作品。达·芬奇因而停止了抱怨，更加刻苦，终成一代大师。

停止抱怨吧！这样我们才能乐观面对人生。停止抱怨吧！我们的人生将会有更多的改变。我们的人生不是要抱怨一切，而是要珍惜一切，热爱一切！青少年朋友们，想想现在的自己：充满着理想、充满着热情。做你自己想做的事吧！人生短短数十载，把握现在才是最重要的。

珍惜你现在拥有的，少去抱怨，抱怨是最无能的表现，更于事无补。不要再说自己没有才能一无是处、缺少环境没有机遇、付出了但结果不如意。你要知道哪怕一棵歪扭但高大的树在木匠眼里也是一块好材料。不要抱怨，只要你努力，就有机会创造美好的明天！

六、充实自己：空虚是虚度光阴

许多地方都会有这样一批"四不青年"，他们一不做工，二不种田，三不经商，四不上学读书，什么也不干，靠吃父母工资过日子。他们的吃、穿、住、行都讲究气派，但他们内心却十分空虚。用他们自己的话来说，"穷得只剩下钱"。

你现在是不是内心也很空虚呢？是不是正在因为内心空虚而苦恼呢？从心理学的角度看，空虚是一种消极情绪。被空虚所侵袭的人，无一例外的是那些对理想和前途失去信心、对生命的意义没有正确认识的人。他们总是消极失望，用冷漠的态度对待生活，或者是毫无朝气，遇人遇事便摇头退缩。

当人们长期生活在空虚状态中，本性遭到长期打压时，就会产生忧郁症、孤独症等心理问题。下面，我们来看一个悲剧故事吧：

2007年3月26日，北京市人民检察院第一分院向北京市第一中级人民法院提起公诉，指控被告人小刚、小峰、小丽、小芳（均化名）犯故意伤害罪、抢劫罪。法院于4月16日不公开审理了此案，并于6月29日做出一审判决，四名被告分别被判处有期徒刑9年至17年不等。

四名正处在学习年龄的青少年，却由于"对学习没兴趣"辍学在家。被父母忽视、"极度无聊"的他们用毒打陌生人来弥补自己的"空虚"心灵，他们一时的"心里舒服"换来的却是他人的家破人亡和自己十几年的监牢生活。

4名被告人中，年龄最大的是小丽，案发时她已经19岁了。她的母亲一再强调女儿从小学习成绩挺好的，考上大专后却开始沉迷于上网。

在网吧，她认识了一对双胞胎，并与他们成了好朋友，他们就是小刚和小峰。晚上有钱时他们就去网吧、歌厅，没钱就在大街上瞎溜达。"我们晚上实在是没事干，就到处找茬寻乐子。"弟弟小峰说。

2006年5月初的一天，晚上10点左右，四个人走过小区后门的一排垃圾桶旁时，看见一个40多岁的妇女正在捡垃圾。

小芳一时兴起，冲着捡垃圾的妇女喊："这是我家的垃圾桶，谁让你在这儿捡破烂的？"其他三个人听小芳这么一喊，觉得挺好玩，就一起上前将那妇女轰走了。看着妇女仓皇跑走时，四个人放肆地狂笑。

第二天晚上，四个人再次外出遛达，在小区外面的烟酒店门前，又遇到了那个捡垃圾的妇女。四个人相视一笑，小丽让小芳过去向她要钱给大家买西瓜吃。

那妇女一看又是他们，也没敢惹，乖乖地从兜里掏出仅有的17块钱。小峰后来在向公安机关交代这一事时回忆说："那17块钱全是零钱，有一块的，也有毛票。"

第三天晚上大约11点，四个人再一次在小区里看到那个捡垃圾的妇女。小峰听到那妇女对旁边的一个老头说了他们向她要钱的事，挺生气，朝妇女走过去，冲着她的鼻子就是一拳，当时那妇女的鼻子就流血了，小峰也没说什么，四个人就走了。

第一次打陌生人，小峰发现心里有一种说不出来的"痛快"。于是，无聊的他们开始寻找下一个"出气筒"。

随着打人欲望的膨胀，他们开始向被打者要钱。"平时我和弟弟的钱是父母给的，而小丽和小芳没有经济来源。"小刚在向公安机关供述时说。

5月20日3时许，四个人又在宣武区南新华街西侧的马路上溜达，看见前面有个捡破烂的老太太。小丽故意推了老太太一把，老太太摔倒在地上了。

四个人向老太太要钱，老太太说"没有"，四个人就开始对她又踢又打。他们并不知道，这次严重的打人事件引起了警方的注意。"我们找茬打她，就图一个刺激，觉得好玩，另外还想抢点钱。我们走时她还活着，直到我们被抓才知道她死了。"几人在供述时十分后悔。

当今社会的青少年大多一出生就生活比较富足。可是，与之相反的，却有一部分青少年的精神比较空虚，没有信仰，没有寄托，百无聊赖，虚度光阴。

故事里的这几个青少年正是这样的典型人物，他们仅仅因为生活的空虚，不仅毁掉了自己前程，更是严重危害了别人的生命健康，真是可悲可叹啊！但是，我们应该看到，并不是每一个青少年都是精神空虚的。一个中学生这样说："看看其他同学，学，学得有劲；玩，玩得潇洒。可我却学也学不踏实，玩也玩不痛快，感觉什么都无味，什么都没意思。这种情绪让我整天百无聊赖，心绪懒散，寂寞惆怅却又不知该怎样解脱。怎么别人就能过得那么充实，而我自己却那么空虚呢？"

这位中学生提出的这些问题恰似一片阴云笼罩在一些中学生的心头，这就是我们通常所说的"空虚"。在很多中学生的印象里，它往往与"寂寞""孤独"等词是通用的，但实际上它们之间是有所不同的。

其中很重要的一点就是"寂寞""孤独"并不总是消极的，有时甚至代表一个人独具个性。而"空虚"却只能消磨人的斗志，侵蚀人的灵魂，使人的生命毫无价值。

空虚是随时可能产生的。留意一下周围，有的中学生刚进入一个新的班集体，没有及时地被接受，就会产生不被理解、无所依托的感觉；有的中学生由于学习差、纪律不好，不被信任、不被尊重，于是更加无所事事；有的中学生被沉重的学习负担所束缚，就会觉得中学生活并不像自己所想象的那么诗情画意……

这时候，空虚都可能会乘虚而入。如果你正好是个心理承受能力较差的人，就更容易被空虚所征服。空虚带给人的，有百害而无一利。面对空虚，我们应该怎么办呢？根据空虚心理产生的原因，只要个人从主观上努力，进行积极的自我心理调适，精神空虚是可以克服的。

面对空虚，最重要的是要有理想。俗话说"治病先治本"，空虚的产生主要源于对理想、信仰及追求的迷失，所以树立崇高的理想、建立明确的人生目标就成了消除空虚的最有力的武器。面对空虚，还要培养对生活的热情。我们常说，生活是美好的，就看你以怎样的态度去对待它。一样的蓝天白云，一样的高山大海，你可以积极地去从中感受到大自然的美丽。或者认认真真地学点本领，帮他人做点好事，也能对自己的成就颇感得意，或从他人的感谢中得到满足。

面对空虚，我们还要积极提高自己的心理素质。有时候，人们生活在同一环境中，但是由于心理素质不同，有人遇到一点挫折便偃旗息鼓，因而会轻易为空虚所困扰，有人却能面对困难毫不畏缩，因而始终愉快充实。因此，有意识地加强自我心理素质的训练，就能够将空虚及时地消灭在萌芽状态而不给它以进一步侵袭的机会。当你和空虚顽强斗争的时候，请记住普希金的这句诗："生活不会使我厌倦。"

要对社会抱有一种较为现实的认识。社会是由许多组织、群体、个体组成的，社会的跨地域性、跨时空性，决定了它存在着许多亚文化。主体文化与亚文化共同决定了社会形态的多元化、复杂化。

换言之，社会既有积极的一方面，也有消极的一方面。这就要看社会发展的方向，绝不能以偏概全，只看到社会的消极面，从而不求上进、萎靡不振，而应通过学习提高思想觉悟，接受现实，正视现实，进而改造现实。要提高战胜挫折的心理承受能力和把握自己命运和行为的能力。做事要有恒心，要有理想与抱负，要正确对待失误与挫折，在逆境中锻炼成长。顺境中的人们也要有更高的追求，不能只停留在经济追求与享乐上。

多读名人传记。以名人的奋斗史作为人生的楷模，正确认识自我，不时反思自我，记录自我的人生轨迹与心理变化轨迹，从中感悟人生的奥秘，了解困惑与抉择的得失，理想与现实的差距，从而确立一种积极有为的人生哲学，去除无精神追求的心态。

我们积极参与社会实践，或者学习几种课余才艺。实践长才干，实践出成绩。而成绩又能强化个人价值，满足个人的自尊、自爱、自信的需要。运用音乐来调节个体的情绪和行为。节奏鲜明的音乐能振奋人的情绪。军乐曲、进行曲能使人的斗志昂扬、情绪高涨，而旋律悠扬的乐曲能使人情绪安静而轻松、愉快。轻音乐能使人增加生活的乐趣，了解生活的意义，从而增进人对生活的能动性和自信心。

正确认识自我。自我认识是自我意识的认知成分。它也是自我意识的首要成分，是自我调节控制的心理基础。深入认识了自己，才能发现自己的爱好、兴趣和目标。从而在各方面去丰富自己的内心世界。正确认识自我，才能从自身方面去摆脱空虚心理。人生的众多痛苦莫过于空虚，让我们从今天开始，告别空虚，充实自己吧！

七、不要懒惰：书山有路勤为径

青春是搏击风浪的船，学习则是航船的动力。作为年轻一代的我们，应抓紧时间，持之以恒，扬帆起航，努力学习，用勤奋的汗水铺就通往未来的成功之路。

　　古往今来，无论何人，不勤奋、不刻苦都不可能有所作为。青少年时期则是学习的关键时期，正所谓"少壮不努力，老大徒伤悲"。世界上哪里有所谓的天才？天才百分之一是灵感，百分之九十九是汗水。人的天赋就像火花，它可能随时熄灭，也可能随时燃烧起来，而让它燃烧成熊熊大火的方法只有一个，就是勤奋、再勤奋。

　　来看一个小故事吧：

　　"勤能补拙是良训，一分辛苦一分才。"这是小峰最喜欢的一则格言。因为它让他明白了，只有辛勤努力，才能有所收获。记得三年级时，小峰的数学还不是太好，总是在90分或91分上晃。不是计算错误，就是没理解题意。为了让他的数学成绩提高上去，爸爸给他买了一本《口算题卡》，一本《举一反三》，要求小峰每天写两页口算题卡，做一道举一反三题。除外，爸爸还经常提问他，若是一个没答对，就要做10道这个类型的题。爸爸说，学数学没什么诀窍，就是多做题。于是，小峰主动要求爸爸给他买点试卷，见识题型。

　　又一次考试来了，这一次由于好多题都在训练时做过，所以考得不错，得了95分。通过这次考试，小峰尝到了勤奋的甜头。这时，爸爸告诉他，虽然这次考得不错，但是还要再接再厉，更加勤奋，下次才能取得更好的成绩。从此，小峰明白了只有付出努力，才能有收获，于是他开始积极行动起来。不用爸爸提醒，他每天放学回家就赶快写作业，写完作业就自觉地做题。慢慢地，小峰学习的速度比老师讲课的速度还要快，许多老师还没讲的内容他都提前学会了。

　　功夫不负有心人，在期末考试时小峰考了一个好成绩。而且，卷子上有道特别难的题，全班只有少数几位同学做对了，他是其中之一。这件事，让他明白了学习没有什么诀窍，要说有诀窍的话，那只有一个，就是勤奋！

一勤天下无难事。从古到今，有多少名人不是由于勤奋而得来成功的？成功与勤奋有着密不可分的关系，成功是勤奋的结果，而勤奋则是成功的必备前提。成功的诀窍在于勤奋，勤能补拙是良训，一分辛苦一分才，只有勤奋的人才能取得成功。

文学家把勤奋比喻成打开文学殿堂之门的钥匙，科学家认为勤奋能使人更聪明，而政治家则说勤奋是实现理想的基石。

只要你勤于付出，总会有回报的。特别是处于21世纪经济发展的今天，吝啬于付出的人，是不可能掌握更多的知识与技能的。

一分耕耘，一分收获。不劳而获的事情是不存在的。纵览古今中外，哪个成功人士不是付出了许多汗水，才取得了丰硕的成果呢？不经一番寒霜苦，哪得梅花扑鼻香！

无论做什么事情，只有付出了才可能有回报。天才就是有无止境刻苦勤奋的能力。因为只有肯付出，才能实现自己的目标，收获的时候才会有让你满意的成果。

每个人成功的机会都是平等的，关键在于你是否去尝试了，去努力了。如果你都不屑去尝试，去努力，是不可能有机会成功的，只要你努力了，至少有机会成功。爱迪生发明耐用电灯泡之前，曾做过千百次实验，曾有人让他放弃，但他仍坚持不懈地努力，终于发明了耐用电灯泡。莎士比亚如果没有执着的"偷学"精神，怎么可能从最初的打杂工到世界著名的剧作家？林书豪之所以成为一个十分出色的职业篮球明星，是和他每一次在比赛场上的奋力拼抢是分不开的。如果他没有努力拼搏，就不会有今天的成就。

成功人士并不是在突然间就有很大的成就，当其他人沉浸在甜美的梦乡中时，他们还在深夜的孤灯下苦苦奋斗。从来没有什么好逸恶劳、懒惰闲散的人取得多大的成功。只有那些有雄心和抱负，并且在任何阻碍下都能付出汗水、辛勤劳作的人，才有可能取得成功。汗水的付出，往往是为了胜利时的微笑。做任何事情都需用心血去铸造，我们才有机会得到成功的桂冠。因为苦尽甘来终有时，付出总会有回报的！

青少年学习的目的就是为了将来能够攀登知识的高峰，所以，就应该把每一次失败当作一次教训，在坚持不懈的努力中造就更完善的自我。人生中有失败才会有成功，唯有努力奋斗才不会给生命带来任何怨恨与遗憾。永远不要放弃努力，要记住阳光总在风雨后。青少年正处于努力获取知识的时候，挫折、失败是成功的必经之路，当命运之门对你一扇一扇地关闭时，请不要放弃，或许下一次的努力换来的就是别样的风景。做一件事情，努力了不一定成功，但如果你放弃了就一定会失败。青少年正处于学习的大好时光，一定要选择一个具有人生价值的目标，并为之努力奋斗。

方以智是明末清初的唯物主义思想家和爱国主义者。他精通哲学、自然科学、文学、医学等许多门科学，一生写下了不少著作，现存的就有28种之多。这些著作，大部分是在他的读书笔记的基础上充实发展起来的。

从少年时代起，方以智就勤记好学。每读一本书，遇到自己特别喜爱的篇章、片段或警句，他就用卡片抄录下来，反复吟读十余遍，然后把它贴在墙壁上。

这样，方以智每天都要抄上十几段至少也有六七段。每当读书作文告一段落，在房中散步的时候，他就借此机会再看看、读读墙上的那些篇章、片段。

方以智给自己立下一条规则：每天必须有计划地把墙上内容从旧到新地读上三五遍，直至滚瓜烂熟，一字不漏为止。四周墙壁都贴满了，就把前两天所贴的收下来，藏到书笼中，再把当天刚刚抄录的，贴补在空白之处。这样，每天收下一批，又补上一批，从未间断过。他用这种办法积累了上万段精彩的文字，为以后写文章打下了坚实的基础。

除了用此方法外，方以智还勤于记读书笔记。每读完一本书，他都要写很详细的读书笔记，记录自己的心得体会，摘录书上重要的文句，常常一天要写十几条或几十条。

方以智的笔记本很多，有的用来记录为人处世的道理，有的用来记录自然科学知识和社会科学知识，有的用来记录地方上的风俗习惯和奇闻逸事，有的用来记录奥妙的哲学道理。每隔一段时间，他就要整理一番，分类归纳，编出索引，以备查阅。

方以智写读书笔记很认真，不仅字写得端端正正，而且还特别详细。他为了研究一个问题，常常要翻看许多书，搜集许多民间生活材料，直到把问题彻底弄清楚为止。

有一次，方以智为了研究明朝以前人们住的房屋、用的器具和穿的衣服，就翻阅了70多种书，还访问了许多老年人，终于把这些方面的问题弄清楚，写出了很详细的研究报告。

方以智经常不断地写笔记，右手握笔的部位都长满了厚厚的老茧，以至老茧最后竟凸起很大一块，朋友们都戏称这为"六指"。方以智的读书笔记博及群书，考据精确，这对他后来的写作帮助很大。方以智的著作《通雅》，曾获得世人很高的评价。

如果一个人出人头地了，这绝不是什么命运的安排，而是他勤奋、奋斗的结果。其实生活中没有人不想有所作为，问题在于能否真正成功，这里就牵涉到一个有趣的"8020定律"。

经济学家说："世界上20%的人占有80%的财富"，社会学家说："世界上20%的人支配着80%的社会权力"，心理学家说："世界上20%的人拥有80%的智慧与灵感。"这样看来，有80%的老年人觉得他的一生没有成就也就不足为怪了，因为成功被另外的20%的人抢去了，现在能否成功的问题就变成了：你是否属于那20%。

在人的一生中，有大量的时间花在了从事习惯性的行为上，如果一生中做某件事累积的时间超过了一年，那么实际上这件事情已经成了生命中的一种习惯了，就如同聊天与穿衣一样的平常了。所以，如果一个人能拿出一万个小时去专注于做好某一件事，这件事就会为他的生命带来一定的成功。

因此，如果你不想在70岁之后成为那80%中的一员，你就必须在70岁之前做到只有20%的人才做到的一件事：把勤奋作为一种生活的习惯。

当然，勤奋也要讲究方法，不但要能勤奋，也要会勤奋。青少年在学习的时候不要总是强迫自己勤学，那样往往会造成反效果。要懂得有张有弛，勤奋有度。

我们正处于美好的青少年时代，就如东升的旭日，充满生机与活力，在这大好的学习时光中，让我们勤奋学习、勇于探索，肩负起祖国赋予我们的责任吧！

青少年朋友们，让我们从现在开始，做一个勤奋的天使，为我们的梦想而奋斗吧！

> 儿时的我最爱做飞翔的梦，
> 一双翅膀带我翱翔辽阔天空。
> 飞过丛林云端山地海洋，
> 最爱那自由与勇敢。
> 青春的激情无法阻挡，
> 现在的我不再做飞翔的梦。
> 懂得脚踏实地去寻找自己的梦，
> 辛勤播种浇灌耕耘收获。
> ……

第三章

管理与统筹——目光长远，安排合理

时间是由分秒积累而成的，成功只赋予懂得利用零星时间的人。青少年应该学会科学利用时间，管理统筹时间，只有这样，才能实现人生的最大价值。

在有限的时间里，不在于你能做多少事情，而在于你做了多少真正有价值的事情！一件有价值的事可能使你受益终生，百件没有价值的事，也只会让你一无所获！

一、目光长远：不要只顾眼前利益

古人喜欢用"鼠目寸光"来形容只顾眼前利益，见识短浅的人，喜欢用"目光长远"来形容那些有远见的人。只顾眼前利益，得到的只是短暂的欢愉；目光长远，才能持续发展，有所成就。

青少年要让自己的眼光放得更远些，不能只盯着眼前的快乐，忘记了前进的步伐。关于眼光长远，我们的日常生活中就有许多例子，我们来看看下面的小故事：

今天，小房与爸爸下了一盘军棋。一开始，小房是胸有成竹，志在必得的。他想着，这几天下的次数也够多的，我已经有经验了，凭着这一点，就有可能把一向"不可一世"的爸爸给打败！

双方都摆好了阵势，小房暗暗窃喜：我的两头都放上了"师长"，"师长"下面就摆"炸弹"，你的子如果能吃我"师长"，就证明了这个子不是"司令"，就是"军长"！

爸爸先用一个子杀了小房的"师长"，小房心想："找死！看我不炸了你才怪！这回你可赔大了！"该出手时就出手！小房立即把那个子给炸了，结果没有亮军旗，果然是"军长"！

小房沾沾自喜，他急忙用"旅长"向前冲，不想却被杀死了，小房心里犯嘀咕了：怎么这么大的子？嗯，想必是个"师长"了，他立刻把"军长"调出来待命。

谁知还没等小房吃掉爸爸的"师长"，爸爸抢先一步杀了他的"军长"！他大惊失色："完了，完了，赔大了！"他的另一个"炸弹"还鞭长莫及呢！

　　小房急忙调集"炸弹"过去，可是就在调集过程中，爸爸那边的"司令"差不多已经把他另一半的子杀光了，要不是他在"军旗"的上、左、右摆了三个"地雷"，爸爸的"司令"早就冲下去扛了他的"军旗"了！

　　战斗进入了白热化，小房的"司令"也向前冲了，爸爸急中生智，用"工兵"先扒了他的"地雷"，冲破了他的防线！最重要的防线一破，他的阵势就完了，小房索性先用旁边的"团长"吃了"工兵"，可接着爸爸的"司令"又"过五关，斩六将"冲了过来，小房防不胜防！

　　这时，小房开始心里发虚了，只好把"炸弹"放在"团长"上面，苟延残喘。爸爸不慌不忙，只用一个"旅长"下去，吃掉了他的"团长"，小房顿时傻眼了：能挣扎就挣扎吧！就用"炸弹"炸了旅长。爸爸可高兴了，又派"司令"出山扛了他的旗。小房惨败！

　　还是爸爸高明啊，爸爸对小房说："下军棋就应当把眼光放长远一些，不要只想着眼前的好处！"

　　小房听后，也想到了："这就叫'放长线钓大鱼'。做什么事情不能只看眼前，而要经过缜密地思考，把眼光看得长远一些，最终一定可以成功！"

　　下棋是许多青少年最喜欢的游戏之一，其实，这里面的输赢就与我们自己的眼光长远与否有很大关系。目光短浅者只看一两步，贪图一子之得，目光长远者，才能直捣黄龙，夺取最终胜利。

　　当然，不止下棋如此，任何事想要成功，都需要长远的眼光。

　　从前，有两个饥饿的人得到了一位长者的恩赐：一根鱼竿和一篓鲜活硕大的鱼。其中，一个人要了一篓鱼，另一个人要了一根鱼竿，然后他们分道扬镳了。

得到鱼的人原地就用干柴搭起篝火煮起了鱼，他狼吞虎咽，还没有品出鱼肉的鲜香，转瞬间，连鱼带汤就被他吃了个精光，不久，他便饿死在空空的鱼篓旁。

另一个人则提着鱼竿继续忍饥挨饿，一步步艰难地向海边走去，他走啊走，走得眼冒金星，四肢乏力，甚至头重脚轻，马上就要栽倒在地，但他没有放弃，而是勇敢地、一步一步地向着目标走去。

在路途，一次他歇脚时，还在一个水洼里用手挖了一些蚯蚓带上。就这样，当他奄奄一息就要晕倒时，一片无边无际的大海终于出现在他的面前。

那蔚蓝的大海仿佛给他的身体注入了活力，他爬到大海边，在渔竿上挂上蚯蚓，使劲地抛向海水。过了一会儿，他感觉渔竿动了，急忙收线，一条活蹦乱跳的小鱼被他拉上岸来。他抓住小鱼，便喂进嘴里，没尝出什么味道，一条鱼已经全部下肚。

此时，他全身充满了力气，再次将渔竿抛向大海。

后来，他用钓鱼卖得的钱，购买了渔网，又购买了渔船。再后来，他依靠自己的勤奋过上了幸福的生活。

目光短浅的人，死在了寻找幸福的路上；目光长远的人，最终走上幸福的生活，这就是目光不同造成的结局差异。虽然现实生活中不一定有这么极端的情况，但是其中表达的意义是有道理的。

鹰的眼光是锐利的，因而能迅速捕获食物；壁虎的眼光是长远的，因而敢于自断其尾；人的眼光是智慧的，因而才能在人生的征途上收获成功。

现实生活看似无形，然而具备眼光的人会发现它就在自己的掌握之中，自己便是生活的掌舵人。现实生活是对人的考验，只有具备眼光的人才能通过这种特殊的考试，并实现自己的人生价值，不是吗？

眼光短浅，只能得到蝇头小利；眼光长远，方能真正摘取成功的果实，造就千秋伟业。

长远的眼光是探索者前进的北斗之光。当人们享受着工业革命带来的财富与喜悦的时候，伟大的航海家哥伦布已在风雨之中日月兼程地摸索，成为第一个踏上美洲的外国人。三次出航永不言败是他那长远眼光的见证。他深知探索者将要面临的雨雪风霜，但他没有放弃。他的长远眼光早已到达大海的另一边。

长远的眼光是创造者智慧的源泉。当人们深陷火灾悲伤的时候，发明家爱迪生从点点星火中悟出了人生道理。在火灾后的第二个星期，第一台留声机问世。成功是源于99%的汗水和1%的灵感，那1%的灵感就是他那长远的眼光，穿透了无知的黑暗，发现了科学的神秘之光。

长远的眼光是追梦者成功的航灯。当人们还在国内市场竞争中相互厮杀的时候，海尔公司已展开了广阔的世界市场；当人们沉醉于国外游戏的虚幻之中的时候，陈天桥已毅然踏上了设计国产游戏的道路，掀起一阵又一阵的国产游戏之风；当人们以抱着铁饭碗而沾沾自喜的时候，丁磊毅然开除了自己，创立了网易，成为中国双榜首富。

长远眼光是他们成功的关键。在激烈的竞争中，没有谁能保证自己是常胜将军，唯有眼光长远才能让自己立于不败之地。

如果你是翱翔于天际的苍鹰，你就应该把目光投向广阔的蓝天。如果你是流淌在山中的清泉，就应该把目光投向远方的大海。

鸿鹄与燕雀的区别，正是源于他们各自的目光的长远与否，青少年朋友，你是愿做一只一飞冲天的鸿鹄呢？还是只想做寄身于屋檐下的小小燕雀呢？

二、分秒必争：用好你的零碎时间

日常生活中，常会有些微不足道的零碎时间，但利用起来也能干不少事情。等车的时候，可朗读或背诵；茶余饭后，可看一些有益的读物……这样，既可陶冶情操，又可增长知识。

聚沙成塔，集腋成裘，无数零碎时间积累起来，就会从知之甚少到知之甚多，生活也会变得更加充实。然而，人们大多数时候并没有这样做，于是这些零碎的时间就这样继续淹没在了生活中。

让我们先来看看这个故事：

星期六的早上，电话铃声把思思从甜蜜的梦中惊醒。思思拿起电话，原来是妈妈叫她起床的电话。一接起电话妈妈就开始唠叨今天她需要做的事情。

与其听妈妈唠叨，还不如把电话挂了做我要做的事。于是思思便把电话挂了，穿好衣服，来到了卫生间洗漱。

突然，她想起今天必须把作业做完，因为明天要和表弟去公园玩。可是今天上午和下午都要上补习班，晚上又有客人来，怎么办呢？

思思心里念叨着。忽然她眼珠一转，想起补习班上有休息时间。她自言自语道："对呀！我怎么就不利用那个时间来做作业呢？"于是她把作业本放入书包里，然后优哉游哉地下楼吃早餐去了。

吃完早餐思思就上路了，到了学校，她找了一个空位子坐了下来，不一会老师就进来给她们上课了。上课时思思非常认真，发言积极，受到了老师的表扬；到了下课的时候，她就拿出作业写起来，又快又保证了质量。

补习班上完了，作业也提前完工了，真是一件让人高兴的事了，思思想这下我可以好好玩了。

回到家，思思向妈妈报告今天的所作所为。妈妈让她把学到的知识写在纸上，她想了一想，最后加上了这么一句话：我又学会了一件事，就是利用零碎时间。

妈妈看了用赞许眼神瞧瞧思思，夸她又进步了，真是高兴啊！

很多人说自己时间不够用。但奇怪的是，每个人一天都只有24小时，为什么有些人做完正事后还有休息时间，而有些人正事还做不到一半，一天的时间就快过去了呢？

老天给予人的时间都是相同的，但并不是所有人都能好好地利用这个"公平"。有些人连分秒都要争取，为的是不浪费这些许时间；有些人却认为一两分钟的时间不算什么，又何必去在乎它呢！正因为这两种意识的存在，让人们在时间的利用上相差越来越大。

争分夺秒的人往往会用好时间，特别是零碎时间。分秒的时间好比"零头布"，只要充分利用，真还能做不少事呢！就像上面故事中的主人公，不就是利用课余的一段零碎时间，提前完成了作业，为自己第二天的活动提供了"可靠保证"吗？

其实，人的一生，即使能活到百岁高龄，为了生活上的需要，也不得不将时间分割成零碎片断。

在我们短暂的生命旅途中，如果将每天吃饭、睡觉、走路、上厕所、洗澡的时间全部扣除，还能剩下多少时间呢？

即使人生还有数十寒暑，除去嗷嗷待哺、懵懂无知的幼年，及垂暮多病、心力交瘁的老年，真正能够发挥智慧、奉献社会的时间还剩多少呢？

所以人生的时光，少得有如白驹过隙，实在是太有限、太短暂了。既然"时间零碎"是生活中的一项事实，懊恼无用，我们必须正视这个问题，进而善用它，将它转化为一股积极向上的力量，从而实现我们的理想，创造我们的事业，集合诸多零碎的时间成就有价值的人生，如此也就无愧于自己了。

时间往往不是一小时一小时浪费掉的，而是一分钟一分钟悄悄溜走的。人类对时间的意识和控制，随着社会的进步而逐渐加强。现代人计量时间的单位已经由时、刻、分、秒逐步精确到毫秒、微秒、毫微秒、微微秒。

著名的英国海军上将纳尔逊发表过令全世界懒汉瞠目结舌的声明："我的成就归功于一点：我一生中从未浪费过一分钟。"

俄国伟大的军事家苏沃格夫也曾说："一分钟决定战局。我不是用小时来行动，而是用分钟来行动的。"

苏联著名作家雷巴柯夫曾说："用分来计算时间的人，比用时计算时间的人，时间多59倍。"

美国科学家富兰克林有一句名言："时间是构成生命的材料。"谁了解生命的重要，谁就能真正懂得时间的价值。我们最宝贵的生命不过是几十年，而生命是由一分一秒的时间所累积起来的。没有善加利用每一分钟，就无法收获真正有价值的人生。

一切在事业上有成就的人，在他们的传记里，我们常常可以看到这样一些句子："利用每一分钟来读书。"

人造卫星每秒钟飞行11.2千米，电子计算机每秒钟可以运行百万次、千万次、上亿次、几十亿次。高能物理实验要求高能探测器在千分之一毫秒内精确地记录下高能带电粒子的径迹。对现代科学来说，"争分夺秒"已经不够了。

对时间计算的越精细，事情就做得越完美，如果在学习上你能以分钟为单位，对那些看起来微不足道的零碎时间也能充分加以利用，你就能在学习中有所收获。

古往今来，一切有成就的学问家都是善于利用零碎时间的。许多青少年往往认为那些零散的时间没什么用处，其实这些时间看似很少，但集腋成裘，几分几秒的时间看起来微不足道，汇合在一起却大有可为。

我们来看2005年以高分考入北京大学新闻与传播学院的张文静同学的经验："'用零散的时间记忆零散的知识'，这句话不是我说的，是学来的，拿来与大家共享。"

零散的知识主要是英语单词和语法，语文的语音、词语、标点、熟语等基础知识。大块的读书时间可以用来读文章，记忆政治、历史、地理等系统性很强的科目知识，而那些零碎的知识可以写在小纸片上，随身携带，在零散的时间记忆是最好不过的了。

其实，在你的日常生活中，有许多零星的、片断的时间，如在车站候车的三五分钟，医院候诊的半个小时等。如果珍惜这些零碎的时间，把它们合理的安排到自己的学习中，积少成多，就会成为一个惊人的数字。零碎时间看起来不起眼，时间长了，却能起到水滴穿石、积沙成塔的效果。用好零碎时间，乍一听，似乎会逼得让人透不过气来。但处于快节奏的今天，我们真的应好好做时间的主人，驾驭好光阴之箭。用好零碎时间，让时间留在自己的手中，生命的长度也会随之成倍地增长。

青少年朋友们，如果我们想做出一番成就，就必须从现在开始学会活用零碎时间。让我们从现在开始行动起来吧！

三、要有计划：管理好自己的日程

人生最宝贵的两个资产，一个是头脑，一个是时间。无论做什么事情，都要花费时间。因此，对于青少年而言，管理时间的水平高低，决定着其学习和生活的成败。

合理的时间管理，就是如何更有效地安排自己的学习、工作计划，掌握重点，合理有效地利用时间。合理的计划，就是对自己要做的事情，要达到的目标有具体的时间规定，有准备、有措施、有安排、有步骤。但是在现实生活中，能够做到有效计划的青少年却是微乎其微。不计其数的青少年觉得自己的学习总是被安排得满满的，可是却不知道，其实很多时间早已经在不知不觉中溜走了。

亲爱的朋友，我们先来看一个小故事：

小龙是一个初三学生，做什么事都带股冲动劲，不过却是"三分钟热度"。他的同桌王艳是班里的尖子生，每次考试都是年级第一。初三的下半学期，是中考的最后一个冲刺阶段。中考的时间越来越近，小龙也开始像同桌一样认真学习了。

可是，因为平时就不太用功，小龙感觉无从下手，而且他也没有学习计划，每天总是东一榔头西一棒槌，见同桌学什么，自己也跟着学什么。经过一段时间的学习，学校进行了一次摸底考试，小龙感觉自己这一段学习得挺努力，应该进步不小，可是结果照旧，成绩依然非常不理想。

小龙感觉非常难受，他总觉得自己已经很下工夫了，为什么成绩还是上不去呢？这时候，他找到了班主任李老师，向班主任详细说了自己的情况。

班主任帮助小龙分析了一下原因。班主任告诉他说：学习，是要有计划的，不是三分钟的热度就行的，踏实地坐下来学习才有效率，应该给自己每天定下一个学习计划，然后按照计划完成自己的目标，这样成绩一定会有很大的改观的。

在班主任的帮助下，小龙开始为自己制订计划，把时间一点一滴地进行积累。很快，他的学习就有了起色，到了中考的时候，一向学习不是太好的他竟然顺利进了一个重点高中。

在毕业晚会上，小龙对班主任表示了衷心地感谢，他说："老师，没有你的帮助，我不可能有现在的成绩，太感谢你了……"

班主任说："不仅我们学习要有计划，我们的整个人生都需要计划，只有按计划做事，才能找到自己的前进方向，不至于迷失道路啊！"

　　上面的例子在我们青少年的学习生活中处处可见。青少年在学习过程中，如果没有一个切实可行的学习计划，想到哪学到哪，就会陷入主次不分、盲目学习、顾此失彼、浪费时间的境地。所以，我们的学习需要有明确的计划，要科学利用时间，形成高效的利用时间的模式。有句话说得好，任何时候做任何事情，有计划地去做就等同于成功。

　　合理地进行学习，是青少年在成长时期最应该去做的事情。这时的我们正是长身体、长见识的重要阶段，把握好自己的青春，利用每一寸光阴，去努力学习科学文化知识，这才是我们最需要的。

　　一个做事没有计划、没有条理的人，无论从事什么都不可能取得成绩。做事有计划不仅是一种做事的习惯，更重要的是反映了一个人做事的态度，也是一个人能否取得成功的重要因素。

　　现代生活中，许许多多的青少年背负的压力过大。一些青少年把自己的生活内容安排得十分杂乱，一会儿做这个，一会儿做那个，好像每件事情都做了一点，但其实每件事情却都没有做好。

　　其实，如果做事之前做个好的学习计划，合理安排好自己的时间，便能产生良好的效果。青少年要做到有计划地去做事情，就要成为时间的主人。那么，每天的24个小时，究竟要怎样利用呢？

　　一是制定目标。目标可以使我们对时间的利用更加明确。很多人浪费时间是因为没有明确的目标，不知道今天应该做些什么，也不知道这么做是为了达到一个什么样的目的，于是在学习中出现盲目的现象，浪费掉了宝贵的时间。

　　二是将自己可以节约出来自由支配的时间罗列出来，定出使用的计划。我们每天除了学校安排的课程之外，还有不少时间可以由我们自己安排，比如早晨从起床到上学，统筹安排好的话，可以省出10分钟左右的时间进行早间锻炼；午饭后，可以用20分钟的时间看一些自己喜爱的书或午休；放学后回家，完成作业之后我们往往有一整块的时间可以自己安排。

这些时间尽管零碎不显眼，但是累积起来，也是一个可观的数字，只要充分利用好，长期坚持下来，在时间上你会是一个富有的人，在生活上你会是一个充实的人，在精神上你将是一个快乐幸福的人。

三是要提高单位时间里的效率。要规划好时间，提高学习效率就十分重要。以完成作业为例，有四个技巧可以帮你提高学习效率：

先复习，后做作业；作业要限定时间，在限定时间内，专心致志地完成，在此期间不做其他无关的事；做作业要坚持独立思考，不轻易请教他人，更不能去看、抄他人的作业，实在不会再带着问题去请教别人；作业经老师批阅后，对所出现的问题要及时找出原因并加以订正。

四是还要学会"挤"时间。鲁迅先生把时间比作海绵里的水，只要去挤，时间总会有的。不要小看几分钟的时间，积少成多，假如每天都能挤30分钟，一个月就是900分钟，也就是你多拥有了15个小时，一年就多了360个小时。

著名音乐大师莫扎特一生的作品很多，他就很会挤时间，比如他常常在理发的时候创作音乐。我们要努力做一名善于"挤"时间的有心人，只要大家用心，就会发现生活中可"挤"的时间很多。

五是我们要把最重要的事情放在第一位。人的精力是有限的，一次只能做一件事情，一心不能二用。青少年不可能在同一时间段内同时进行两件事情，倘若要保证高效率，必须把最重要的事情放在第一位，在某段时间内只专注于一件事情，只有集中精力做好一件事情，才能更好地去做别的事情。

六是合理利用资源，节省时间。我们周围有很多资源可以供我们利用，而能够利用好这些资源，会大大节省时间。比如网络资源。现在的互联网十分发达，上面有关考试的信息也很多。我们可以从中充分挖掘网络的潜力，找出一些权威性比较好的网站。在跟随老师复习的同时，学会利用网络，及时获取自己想要了解的学习材料。同时，在学习中，老师也是一项宝贵的资源。我们应该多与老师交流，及时找老师解决自己不懂的问题，让老师为自己的复习提出建议，这样会比自己一个人在那里苦思冥想有效得多，也会省下大量的时间。

七是要把物品分门别类。在现实生活中，许多人总是把时间浪费在找东西上，如果他们能够把东西有条不紊地放置好，则会节省许多时间。

八是要学会拒绝。对一些青少年而言，或许有时自己原本已安排好了计划，但却经常会临时出现一些变化，正所谓："计划赶不上变化。"

每个人都有自己的计划，我们应该依照自己的计划行事，倘若你不顾自己的时间而帮别人做一些他本可以自己做的事情，那么，你的时间就会在无形中白白被浪费掉。

九是学会避开高峰期。即当别人没有占用某种资源的时候你去使用，譬如：在没有人排队的时候去借书、买饭等，这样可以为自己节省许多时间。

十是适时休整。休息是为了更好地学习。俗话说，磨刀不误砍柴工。时间是弹性的，不要与时间较劲。一个人精力充沛与否不在于其能撑多少时间，而在于其恢复的速度与效果。从某种意义而言，一个人不会休息就不会工作。青少年只有学会休整，才能快速恢复体能，全身心地投入学习。十一是要善于总结。对青少年而言，倘若你过于忙碌于自己的学习而没有时间思考你做的事情，将无法充分利用你的头脑，只有在某一段时间内进行反省自己刚刚完成或思考过的事情的价值、方式和方法等，才能对自己以后做事大有裨益。另外，还要善于变通。做事情之前计划好很重要，但计划往往跟不上变化，如果我们能适时地变通，就可以充分利用计划好的时间，做到不浪费一分一秒。

事实上，在不断前进的道路上，每一步道路都暗藏无数可能的方向，而变化又时常隐藏在计划之中，我们只需在计划的基础上进行适量的变化，就有可能获得意想不到的结果。

四、集中精力：一次只做一件事

一次只做一件事，这可以使我们静下心来。一心一意，就会把那件事做完做好。倘若我们好高骛远，见异思迁，什么都想抓，最终像狗熊掰玉米，掰一个，丢一个，到头来两手空空，一无所获。我们每个人的精力都是有限的，对于那些琐事我们大可以放弃不理，一心一意地选择单一的目标，然后竭尽全力地去做，这样才有成功的希望。

我们许多青少年朋友之所以每天都感觉很累，往往并不是因为我们作业太多，忙不过来，而是我们没有掌握正确的方法，总想一次就把所有科目的作业做完，结果只能是失望。亲爱的朋友，我们来看看下面这个故事：

    暑假了，某校高中组织学生到火车站做志愿者，主要工作是回答游客的咨询。咨询室每天都要接待大量的旅客，这些来去匆匆的旅客们常常抢着问自己的问题，并企图能够立即获得答案。一天下来，身强力壮的小雨累得够呛，生性柔弱的莉莉却轻松自在。于是，小雨向莉莉询问秘诀，莉莉淡淡一笑说："一次招待一个旅客就好了。"

    一次，莉莉面前出现了一个又高又胖的男士，他的衣服已被汗水湿透，满脸焦虑不安。由于周围人太多太吵，莉莉不得不倾斜着身子，以便能听清他的问题。她认真看着这位先生问："你要去哪里？"

    这时，有位富态的女士试图插话进来。但是，莉莉旁若无人地继续问这位先生："你要去哪里？"

    对方说："达县。"莉莉继续问："是四川的达县吗？"

    对方纠正说："不，是河北的达县。"莉莉想了想，立即回答说："那班车是在30分钟后，在第八站台发车。你慢慢走，你的时间很充裕。"那先生转身走开了，莉莉立刻开始接待那位富态的女士。但是，没多久，那位先生又回来问站台号。"你刚才说是十一号站台？"

这一次，莉莉只把注意力放在富态的女士身上，而不理会这位先生。而这位先生并没有生气，他耐心地等着莉莉回答完那位女士的问题，然后再来解决自己的问题。就这样，虽然每天都要做很多工作，但莉莉在人群中的身影始终镇定自如。

是的，很多时候事情就是这么简单。一次只做一件事，你就可以从繁杂的事物中解脱出来。很多人总想让自己的工作高效而简单，结果却既不高效也不简单。所以，当你感到力不从心的时候，不妨把精力集中起来放在眼前的事情上，只做完这一件就可以。

事实证明，一次只做一件事情，不仅有益健康，对提高效率也是至关重要的。一个人要想做好一件事情，是需要凝聚心神、心无旁骛的，这样才可能最大限度发挥潜能，而频繁地从一项工作转换到另一项工作则是浪费时间和精力的做法。

人的身体器官像其他装置一样，一旦停止运转就失去了动力，在间歇一段时间后再去启动时，就得花时间恢复失去的动力，基于这个道理，管理学家建议人们在工作日中应该避免不必要的工作转换，进一步说，就是尽可能把手头的一件事情做好、做透、做到位，然后再考虑下一件事。

而且从心理上说，当一个人了结了一件事情时，往往会有一种解脱感和满足感，甚至会有一种成就感，这是一种很好的心理状态，也是保证做好另一件事的必要前提。

虽然一次只做一件事情具有如此多的好处，可是，在现实生活中，我们却往往发现，许多青少年自认为聪明，总想同时做很多事情，认为自己可以达到"一心多用"的境界。

加拿大蒙特利尔大学实验认知科学的学科带头人皮埃尔·乔利可长年从事人"一心多用"的研究。他认为，"一心多用"几乎不可能，一个人必须先做完一件事，然后再做另一件事。我们的大脑能够在不到一秒的时间内切换工作对象，所以我们不该说大脑同时干几件活，更为准确的描述应该是大脑在不停地、变着活干。然而，每次切换其实都在浪费时间，这就是一心多用必须付出的代价。

我们拼命地在尽可能短的时间里做尽可能多的事情，但这其实会让我们更容易犯错误。造成这种现象的原因在于一心多用会极大降低我们大脑的工作效率。在生活中，有些人常常引起我们的嫉妒，比如：用很少的时间做出漂亮工作的同事，或者课余活动丰富却依然成绩良好的同学。除了工作方法和智商差异外，这些人成绩的取得大多是他们在工作和学习时聚精会神的缘故。

美国的一项研究指出，当学生们在解一道数学题时，假如同时处理其他工作，速度将比平常降低40%。而伦敦大学的心理学家格林·威尔森经过研究后也发现，一个人同时发电邮和打电话会让其智商暂时降低10点。可见，一心多用对做事效率来说没有任何好处。

而且，即便人们看似快速地从一项工作转移到了另一项工作，其创造力也远远低于正常水平。因此，当人们说自己可以一心多用时，实际上是在自欺欺人，而我们的大脑对于自欺欺人这项工作一向得心应手。

一心多用还会导致身心不适，甚至带来生命危险。一心多用会引起各种问题，比如增加大脑的压力，引起学习障碍以及注意力不集中等。

那么，有什么方法可以提高我们的注意力，而不总是"一心多用"呢？

一是要营造适当的气氛。当你去看电影的时候，如果电影足够精彩，你便可以全身心地投入剧情中，这很大程度上归功于电影院的气氛。在家办公的人也很重视书房的布置，这也同样适用于搞创作的人，他们往往花费大量的心思在创作气氛的营造上。我们的睡眠质量也常常依赖于床的舒适度。可见在适当的环境做相应的事有助于提高注意力。

二是要对所做的事情感兴趣。其实这一点大家都很清楚，做喜欢的事情或与喜欢的人在一起时，时间会在你还来不及转移注意力时便不知不觉流逝了。如果你对一件事情感兴趣，注意力会自动地集中于其上。

当然，我们不可能随时在做自己感兴趣的事情，而有些事情又让我们不得不集中注意力，比如乏味的家庭作业。这时候，我们可以采取奖励措施来形成注意力集中的习惯，比如认真工作一个小时后，就让自己彻底放松10分钟，这10分钟内可以做喜欢的事情。这样就会慢慢地形成专注的习惯。

三是注意不被无关紧要的事情所干扰，不要横生枝节。这就好比你去上网，本来是要找一个重要资料的，可一上网就被花花绿绿的网上世界吸引了，一会儿打开邮箱，回回信，一会儿下载歌曲，一会儿看看新闻，从国内到国外、从体育到娱乐，不亦乐乎，一会儿再聊聊天，一会儿再贴几个帖子发发牢骚……不知不觉，几个小时过去了，正事却被扔在脑后。相信许多人都有过类似的经历吧。

现代人的生活条件越来越好，过得似乎却越来越疲惫而无奈，这其中很重要的原因是人们被太多的诱惑和太多的琐事分散了注意力，也使人们在与大局无关的地方逗留过久并消磨了过多的意志，而最终却无助于对自己有决定性意义的事情。

因此，我们可以在做一件事的时候，关掉聊天工具比如手机；或者提前告诉自己的同学和朋友自己现在很忙，请他不要打扰。这样都有助于减少外界的影响，保证自己集中精力做完一件事。

五、重点突破：紧要的事优先做

许多青少年朋友在遭受失败后，往往会有这样的苦恼，为什么我和那些成绩好的同学一样，都在勤勤恳恳地学习，但结果却不一样呢？

你知道吗？其中一个重要的原因是我们缺乏洞悉事物轻重缓急的能力，做起事来毫无头绪，完全被烦琐的事务牵着鼻子走。而那些成绩好的同学往往能够抓住紧要的事情先做，因此大大提高了他们学习和做题的效率。我们现在先来看一个故事好了：

在一个中学，一位杰出的时间管理专家做了一堂生动的管理实验课程。试验的过程是这样的：

这位专家首先拿出了一个一加仑（1加仑≈3.79升）的广口瓶放在桌上。随后，他取出一堆拳头大小的石块，把它们一块块地放进瓶子里，直到石块高出瓶口再也放不下为止。他问："瓶子满了吗？"所有的学生应道："满了。"

他反问："真的？"说着他从桌下取出一桶砾石，倒了一些进去，并敲击玻璃壁使砾石填满了石块间的间隙。

"现在瓶子满了吗？"这一次学生有些明白了，"可能还没有。"一些学生低声应道。"很好！"他伸手从桌下又拿出一桶沙子，把它慢慢倒进玻璃瓶。沙子填满了石块的所有间隙。他又一次问学生："瓶子满了吗？""没满！"学生们大声说。

然后专家拿过一壶水倒进玻璃瓶，直到水面与瓶口齐平。他望着学生，"这个例子说明了什么？"

一个学生举手发言："它告诉我们：无论你的时间表多么紧凑，如果你真的再加把劲，你还可以干更多的事！"

专家说："不错。但是，你想过没有，如果我把刚才的程序打乱，先放细沙，然后再放石块，结果会怎么样？"

他把这个程序演示了一遍，学生们看到细沙都在瓶子里，但石块还有很多放不进去。

专家说："这个例子告诉我们，如果你不先把大石块放进瓶子里，那么你就再也无法把它们放进去了。大石块就是你们人生中最重要的事情，细沙代表了次要的事情，你们要学会分辨哪些是你生命中重要的事情，哪些是不太重要的，这样处理起来就不会本末倒置，你的人生也会处理得井井有条。"

学生们点头受教。

一个人在工作中常常会被各种琐事、杂事所纠缠，有不少人由于没有掌握高效能的工作方法，而被这些事弄得筋疲力尽、心烦意乱，总是不能静下心来做最该做的事。有些人被那些看似急迫的事所蒙蔽，根本就不知道哪些是最应该做的事，结果白白浪费了大好时光。

"大石块"等于最重要的事，一个形象逼真的比喻，它就像我们学习工作中遇到的事情一样，在所有事情中有的非常重要，有的却可做可不做。如果我们分不清事情的轻重缓急，把精力分散在微不足道的细沙上，那么重要的工作就很难完成。这个故事告诉我们，用同样的空间、时间，事情先后安排不同，结果就大相径庭，生活也是这样。

每天我们不仅要学习，还要休息和娱乐，如果不做计划，想起什么就做什么，很可能忘记重要的事，到时弄得自己措手不及，有时甚至加班熬夜也完不成。

反之，如果将要做的事情写下来，先做重要的事情，然后做次要的，没时间的话，那些可做可不做的事情干脆就不做了，这样我们的生活一定会既充实又有意义。

比尔·盖茨曾经向效率专家艾维请教"如何更好地执行计划"的方法。艾维声称可以在10分钟内就给比尔·盖茨一样东西，这东西能把他公司的业绩提高50%，然后他递给比尔·盖茨一张空白纸说："请在这张纸上写下你明天要做的六件最重要的事。"

比尔·盖茨用了五分钟写完。艾维接着说；"现在用数字标明每件事情对你和你的公司的重要性次序。"这又花了五分钟。

艾维说："好了，请把这张纸放进口袋，明天早上你要做的第一件事是把纸条拿出来，做上面标出的第一件最重要的事。不要看其他的，只是第一件。着手办第一件事，直至完成为止。然后用同样的方法对待第二件、第三件……直到你下班为止。如果只做完第一件事，那也不要紧，反正你总是在做最重要的事情。"

艾维最后说："每一天都要这样做——你刚才看见了，只用了10分钟的时间，你对这种方法的价值深信不疑之后，让你公司的人也这样干。这个试验你爱做多久就做多久，然后给我寄支票，你认为值多少就给我多少。"

分清事情的轻重缓急，优先做好最重要的事，这是效率专家艾维教给比尔·盖茨的一种妙法。因为这个妙法，艾维得到了25万美元的酬劳和随支票一道附来的短语："哪怕尽我平生所学，也从未感到如此大的收益。"因此我们可以看到，那些高效率人士，不管做什么事情，首先都用分清主次的办法来统筹做事。

在一系列以实现目标为依据的待办事项之中，到底哪些事项应先着手处理？哪些事项应延后处理，甚至不予处理呢？

对于这个问题，专家给出的答案是：我们应该按照事情的"重要程度"编排行事的优先次序。所谓"重要程度"，即指对实现目标的贡献大小。对实现目标越有贡献的事越重要，它们越应获得优先处理；对实现目标越无意义的事情，越不重要，它们越应延后处理。简单地说，就是根据"我现在做的是否使我更接近最终目标"这一原则来判断事情的轻重缓急。

现代社会中，每个青少年都渴望快速成功，因此，很多青少年便会因浮躁而产生投机取巧的心理，结果往往是欲速则不达。其实，其中重要的原因就是我们分不清事情的轻重缓急。

培根说："敏捷而有效率地工作，就要善于安排工作的次序，分配时间和选择要点。只是要注意，这种分配不可过于细密琐碎，善于选择要点就意味着节约时间，而不得要领地瞎忙等于乱放空炮。"

我们青少年如果能够养成把注意力集中到紧要事情上的习惯，并根据这些紧要事情来努力为自己的成功而奋斗，那么就为自己提供了一种强大的力量，也就能够很容易地走上成功之路。

亲爱的青少年朋友，在做每一件事情的时候，一定要先分清轻重缓急，敢于舍弃细枝末叶，这是高效率完成任务的妙招。成功者的共识就是：分清主次，有所不为才能有所作为。

让我们从今天开始，抓住紧要的事情吧！只有这样，我们的学习和生活才会有更高的效率，我们的人生也才会更加的美满！

六、化整为零：各个击破直达目的

火箭飞向月球需要一定的速度和质量。科学家们经过精密的计算得出结论：火箭的自重至少要达到100万吨，而如此笨重的庞然大物无论如何也是无法飞上天空的。因此，在很长一段时间里，科学界一致认定：火箭根本不可能飞上月球。直到有人提出"分级火箭"的思想，问题才豁然开朗起来。

将火箭分成若干级，当第一级将其他级送出大气层时便自行脱落以减轻质量，这样火箭的其他部分就能更轻松地逼近月球了。

分级火箭的设计思想启示我们青少年的是：在我们的学习生活中，要学会把目标分解开来，化整为零，变成一个个容易实现的小目标，然后将其各个击破。这不失为一个能持续努力实现终极目标的有效方法。

许多青少年朋友都有远大的梦想，可是又总是感觉这些梦想太过于遥远，因此，总是在三分钟热度后，就失去了追求梦想的激情，目标变得非常茫然。我们之所以不能坚持梦想的重要原因，就是没有能够将目标进行有效分解，使目标显得太大、太远。从而让自己在绝望的情绪中失去了前进的勇气。

其实，只要我们能够认真的分析我们的梦想，详细制定我们的计划，将大目标进行有效分解，我们的生活就不会这样茫然。现在，让我们来看一个女孩的学习经历吧：

小时候，小嘉爬到悬崖石上，上不去下不来，陷入困境之中。听了父亲"走一小步"的话，她觉得走一小步"似乎办得到"，第一步成功。她顿时有了信心，第二步也成功了。小嘉信心大增，最后，她一步一步，每次只移动一小步，慢慢爬下了悬崖。小学时，小嘉的学习一直有困难，她认为功课总是那么多，题目总是那么难，心里总是很烦闷，总异想天开地希望功课少点甚至不上学该多好。

这时，妈妈总在她身边耐心地说："把困难化整为零，不要想那么多，你就不会烦躁不安了。"听了妈妈的话，小嘉静下心来一门功课一门功课地做，不知不觉竟也把作业写完了，心情也平静了很多。

进入中学，功课多到了七门，内容也比小学难多了，可是"走一步，再走一步"还是给了小嘉启示，给了她力量和信心。

她学会了合理安排时间，有条不紊地面对并战胜各种挑战。功课多作业多，但她不去想它，她会在学校做一部分，回家再做一部分。功课难，小嘉就先预习，先做简单习题，并带着问题认真听课，回家后再复习写作业，知识理解了，记住了，功课也变得容易多了。

许多青少年做事之所以会半途而废，往往不是因为难度大，而是觉得成功太遥远。确切地说，这些人不是因为失败而放弃，而是因为倦怠而失败。在人生的道路上，没有目标的人几乎没有，但没有实现目标的人也不少。导致他们失败的原因很多，其中一些人面对目标急于求成，渴望一口吃成一个胖子，结果欲速则不达；有的人东一榔头西一棒槌，什么都干了，什么都没干彻底，白费力气；还有的人刚起步时斗志昂扬，信心百倍，坚持不了几天便被遥远的征途所吓倒了。

分段实现大目标含有深刻的哲理。大目标的实现是一个渐进的过程，必须脚踏实地一步步前进，急于求成是不行的；一环套一环的前进，前一段是后一段的基础，所以必须依次做好每一段的事。

分段实现大目标不仅有利于避免急于求成的心态，也有助于消除倦怠心理，增强克服困难，战胜挫折的勇气和信心。

因此，我们在制定自己的奋斗目标时，不要光着眼于最终目标，还要考虑到它的长期性、艰巨性，并把它分解为若干个阶段性目标然后依次完成，直至最终实现大目标。

俄国大文豪托尔斯泰有这样一句名言："人要有生活的目标：一辈子的目标，一个阶段的目标，一年的目标，一个月的目标，一个星期的目标，一天的目标，一小时的目标，一分钟的目标，还得经常为大目标牺牲小目标。"要有效地运用"目标分解法"，须遵循以下几个基本步骤：

步骤一，发现或搞清楚你的主要人生目标是什么。所谓主要人生目标，应该是一个你终生所追求的固定的目标，你生活中其他的一切事情都围绕它而存在。为了找到或找回你的人生主要目标，你可以问自己几个问题，比如"我是谁？""我想在我的一生中成就何种事业？"每一次向自己提出这样问题的时候，就随意地记下你的所得。开始的时候，它们可能没有什么意义，但是，多次的累积后，就会让你茅塞顿开。

步骤二，当你能够用一个简单的句子表达出你的人生目标了，那么你就该着手准备实现这项目标。在这方面，职业的选择就是你所要着重考虑的问题。你应该知道，学历是一个工具，是帮助实现你终极目标的工具。你规划自己将来人生的重要性，就像将军筹划一场战役一样，也像一个足球教练确定一场重要比赛的作战方案一样。

你们可以问自己："我的学习生活正在帮助我实现人生的最终目标吗？"如果答案是否定的，那就要学习其他知识或者换种学习方式。

倘若更换学校是不现实的，那你可再进一步问一下自己："是否有一种途径可以让我现有的学习生活与我的人生基本目标一致起来？"对于第二个问题，答案常常是肯定的。例如，一个羞涩腼腆的学生为了将来能从事像新闻主播这样需要外向性格的职业，会在与同学交往中注意培养自己与人沟通的能力。我们也该切记：只要你还没有到安享晚年的时间，任何时候开始你的人生规划都不晚。无论你是高一刚入校，还是即将离开高中生活，什么时候都是你进行人生规划的好时机。

步骤三，在弄明白了你的学习将会帮助你实现人生更大目标之后，你应该着手考虑你的人生规划的具体细节了。你需要有一个详细的个人学业发展计划。

这个划可以是一个三年的计划，也可以是一学期的计划。不管是属于何种时间范围的计划，它至少应该能够回答如下问题：我要在未来一学期（或三年）内实现什么样的学习目标？我要在未来一学期（或三年）内有什么样的一种学习方式？

步骤四，在形成了上面的具体的短期的目标之后，你应该策划一下将如何去达成它们。比如，你现在是一个班级学习中等的学生，你的未来三年规划要求你成为一个优秀学生。

那么，怎么才有可能实现你的目标呢？如果你能够回答好如下的各项问题，那么你就应知道自己该怎样做了。这些问题是：

我需要哪些科目的特别训练才能做一名优秀学生？

我该增加哪些书本知识？

为使学习顺利，需要排除哪些人际关系上的障碍？

我目前的老师在这方面能给我提供多大的帮助？

在目前的这个班级我最终成为优秀学生的可能性有多大？

比起本班来，我在其他班级会是什么位置？

优秀学生的标准是什么样的？

步骤五，行动。这是所有步骤中最艰难的一个步骤，因为要求你停止空想而切实地开始行动。要知道，良好的动机只是一个目标得以确立和开始实现的一个条件，但不是全部。

如果动机不转换成行动，动机终归是动机，目标也只能停留在梦想阶段。要想实现人生的终极目标，有两个方面的陷阱需要谨慎避免，一个是懒惰，另一个是错误，哪怕是小的错误。

步骤六，不断地修改和更新你的人生发展目标。人生目标的确定往往是基于特定的社会环境和条件的。这样的环境和条件总在变化，确定了目标也应该做出修改和更新，况且这样的目标虽然写出来了，但是并未镶刻在石头上，它的存在只是为你的前进提供一个架构，指示一个方向。另外，分解目标还要遵行以下原则：

不求快。因为"求快"就会造成对自己的压力，欲速则不达。

不求多。因为"求多"会让自己无力承担，丧失累积的勇气。

不中断。因为"中断"会影响累积的效果和意志，功亏一篑。

分解目标，这的确是一个很不错的方法。在人生的道路上，每一个人最初都有远大的目标，可是，最终实现的人又有多少？半途而废丧失信心的人又有多少？

把大的目标分解，经常检查自己实现目标的状况，经常体验实现目标的快乐，用这样的方法，即使是遥远的马拉松，我们也可以跑得很轻松。可以给自己准备一个目标本，然后，我们每天只需要问自己一个问题：今天你达成目标了吗？

七、黄金定律：安排时间要讲技巧

青少年朋友们，假设有这样一家银行，每天早上都会往你的账户上存入1440块钱，当一天结束的时候，又会删除你当天没有用完的钱，而不能取出来。那么，你会怎么做呢？毫无疑问，你肯定会在当天把所有的钱消费完。

时间对我们来说，正像这个银行账户，在每天的早上，时间老人都会为我们提供1440分钟，到第二天又会删除所有前一天没有利用的时间。怎么办呢？只有把我们当天的时间不断变现，充分实现我们所有时间的价值。

时间是不等人的，它不会因为某个人而在不断行走的同时猛然停滞，今天就仅仅是今天，时间的摆动不可能让你尝试昨天的甜美，也不可能让你进入明天的愉快。

因此，我们青少年应该学会抓住点点滴滴的时间，合理安排统筹生活，让我们人生的时时刻刻都变得更有意义。这里有一位同学巧妙安排时间的故事，大家不妨来看一看：

学校要求学生早上8点10分按时到校，可是班上的小王经常迟到，老师问他为什么？

他说：早上穿衣服要5分钟、上厕所5分钟、梳头1分钟、烧开水10分钟、洗脸5分钟、刷牙2分钟、吃早饭12分钟、听英语磁带20分钟、加上坐公交车的5分钟，总共要65分钟。

这样算来他至少要7点05分以前起床，有时候还会因吃早饭的速度过慢，赶不上公交车而迟到呢！

小陈和小王同住在一个小区里，为什么小陈比小王起床还要迟呢？起床后他们也是做一样的事情，但小陈却从不迟到。这是为什么呢？

小陈是这样安排时间的：他用烧开水10分钟的时间里穿衣服、上厕所和听英语磁带，分别把听英语磁带的20分钟时间安排在做其他的事情中，做完这些事情他所用的时间只用了35分钟，和小王相比他整整压缩了30分钟的时间。

怎么样，小陈利用时间的方法非常高明吧！如果我们每一位青少年朋友在平时的时候，都能够合理地利用自己的时间，相信一定会轻松很多啊！可是，很多青少年朋友都会有这样的经历：忙了一天，简直累得无法喘气了，最后却没有什么成果，觉得手边的事情千头万绪，不知道从哪里开始，觉得什么东西都很有意思，都想尝试一下，最后却什么也没有掌握。

如果你是这样，那么你就该注意时间管理的重要性了，预先规划，合理地安排时间会让你不再迷茫。其实，许多伟大的人物，都是因为合理安排时间，让自己取得大成就的。法国最杰出的思想家卢梭很会合理安排自己的时间，他在自传里写道：我连续研究几个不同的问题，即使毫不间断，我也能轻松愉快地一个一个地思考下去。

这一问题可以消除另一问题所带来的疲劳，用不着休息大脑。于是，我就在我的计划中充分利用我所发现的这一特点，对一些问题交替进行研究，这样，即使我整天用功也不觉得疲倦。

由此可见，合理安排时间对于我们青少年学习的重要性。那么，我们平时应该怎样巧妙合理地安排自己的学习时间呢？

一是要制订好学习计划。要正确利用好每天、每时、每刻的学习时间。平时，我们要养成这样一种习惯，每天早上起来就对一天的学习做个大致的安排。上学后根据老师的安排再补充、修改并决定下来。什么时候预习，什么时候复习和做作业，什么时候阅读课外书籍等都做到心中有数，并且一件一件按时完成。

一般来说，早晨空气清新，环境安静，精神饱满，这时最好朗读或者背诵课文；上午要集中精力听好老师讲课；下午较为疲劳，应以复习旧知识或做些动手的练习为主；晚上外界干扰少，注意力容易集中，这时应抓紧时间做作业或写作文。这样坚持下去，我们就会养成科学利用时间的好习惯。

二是要安排好自习课的时间。自习课如何安排呢？不少学生都是把完成作业作为自习的唯一任务，几乎把所有的自习时间都用到做作业上了，好像做作业就等于自习。

这样安排是不妥当的。因为在还没有真正弄懂所学知识之前就急于做作业，不但速度慢、浪费时间，而且容易出差错。所以，在动手做作业之前，应先安排一定时间来复习所学过的知识。

不过，安排自习课时，还要注意文科、理科的交叉，动口与动手的搭配，而不要一口气学习同一类的科目，或者长时间背书和长时间做练习，这样容易使人疲劳，会降低时间的利用率。

三是学会牢牢抓住今天。为了充分地利用时间，我们还要学会"牢牢抓住今天"这一诀窍。许多同学有爱把今天的事拖到明天去办的习惯，这是很不好的。

须知，要想赢得时间，就必须抓住每一分、每一秒，不让时间白白度过。明天还没到来，昨日已过去，只有今天我们才有主动权。如果放弃了今天，就等于失去了明天，也就会一事无成。因此，希望同学们从今天做起，安排好和珍惜好每分每秒的时光。

另外还需要注意的是，一般来说，一门功课学习时间在一、二小时左右为宜。换学另一门功课时，中间最好休息几分钟，这样可使大脑得到适当休息，从而提高学习效率。

在时间的分配上还要注意，有些零碎的，如饭前饭后等较短的时间，最好用来记一些外语单词、历史年代等偏重记忆的内容，而上午、下午和晚上较长的时间，可用来复习数、理、化等偏重于理解的科目。总之，每一天24小时，不会因为你喜欢而停留，也不会因为你心烦而很快度过。怎样在这每人都有的时间里，做更多的事，才是我们安排时间的根本目的。"燕子去了，有再来的时候；杨柳枯了，有再青的时候；桃花谢了，有再开的时候。"但是我们的日子却像流水般一去不复返！

青少年朋友，合理安排时间，别让时间在你嬉戏时轻轻滑过；别让时间在你饭碗中悄悄溜走；也别让时间在你无谓的争吵中匆匆走过吧！

第四章

修养与超越——学无止境，永不自满

　　人的才华只是火花，要想使它成熊熊火焰，那就只有学习！没有哪个人天生就有满腹的学问。没有哪个人天生就拥有财富。要想使自己拥有想要的一切，那就只有学习。

　　学习是没有尽头的，人的一生，要学的东西有很多。越学我们越会觉得自己无知、渺小，则自己的感悟和收获就越大。学无止境，所以我们不能自满。

一、学无止境：谦虚才能学到知识

现在的青少年中独生子女占多数，家长们望子成龙心切。但很多家长只盯着孩子的成绩，只要考试成绩好就"一俊遮百丑"。我们也往往只看到自己的长处，对自己的长处无限夸大，对自己的弱点却视而不见。因此，很容易养成自满的毛病。

有人说得好："一知半解的人，多不谦虚；见多识广有本领的人，一定谦虚。"谦虚的人就像美丽的花朵，开放时吐露芬芳，收敛时安静无声。山深愈幽，水深愈静，真正有学问有道行的人，真正成功和芬芳的人生，无须张扬和炫耀。

一个人缺少谦虚其实就是缺少知识，因此，我们更应该做一个谦虚的人，学十当一，常思己过。要以自己拥有过的一点成绩作为起点，谦虚待人，不然一招不慎，便满盘皆输了。

在如今的现实生活中，许多年轻人似乎忘记了"谦虚"两字，只会"半桶水乱晃"。在任何时候也不要以为自己什么都懂，不管别人怎么称赞你，你时时刻刻都要有勇气对自己说："我是门外汉"。这是俄国生物学家巴甫洛夫的话，它被许多人当成座右铭。

历史的长河没有尽头，知识的海洋没有彼岸，唯有为人谦虚，才能使我们不断学习，不断更新，不断提升。

自古以来，中华民族就有谦虚的美德，有许许多多的格言警句启迪我们："满招损谦受益""三人行必有我师焉""百尺竿头，更进一步"，所有这些都告诉我们要不断塑造自己谦虚的品格，只有这样才能不断汲取更多的知识。

生命有限，知识无穷，任何一门学问都是无穷无尽的海洋，都是无边无际的天空。所以，谁也不能认为自己已经达到了最高境界而停步不前，趾高气扬。如果是那样的话，则必将很快被同行赶上、被后来者超过。

      爱因斯坦是20世纪世界上最伟大的科学家之一，他的相对论以及他在物理学界研究成果，留给我们的是一笔取之不尽、用之不完的财富。然而，就是像他这样伟大的科学家，他还是在有生之年不断地在学习、研究，活到老，学到老。

      有个年轻人问爱因斯坦："您老可谓是物理学界的泰斗了，何必还要孜孜不倦地学习呢？"

      爱因斯坦并没有立即回答这个问题，而是找来一支笔、一张纸，在纸上画了一个大圆和一个小圆。然后对那位青年说："在目前情况下，在物理学这个领域里，可能是我比你懂得略多一些。正如你所知的是这个小圆，我所知的是这个大圆，然而整个物理学知识是无边无际的，对于小圆，它与未知领域的接触面小，他感受到自己的未知少，而大圆与外界接触的面比小圆大得多，所以更感到自己的未知东西多，会更加努力地去探索。"

多么好的一个比喻，多么深刻的一番阐述！从爱因斯坦身上，我们不但得到他留下的一笔取之不尽、用之不竭的物理学财富，还学到了他虚怀若谷的胸怀，谦虚好学、永不满足的精神！

不谦虚，损害的永远是自己，谦虚永不会伤害自己，只能使自己受益。要想做知识的主人，要想使自己的知识不断地更新，不断地提升自我，要想有所作为，就要永远记住"谦虚"这两个字！

谦虚好比是一盏灯。谦虚是人心灵的展现，是照亮前进征途上的明灯，是我们生活中的去污剂。只要时刻保持谦虚的心态，就会看到自己的不足，看到别人的长处，在别人的长处中学到自己需要的东西，只有这样才能静下心来学习，才会看到别人的长处。

谦虚就像是一张名片。一个谦虚的人，必定是一个虚心学习的人，说话和气，待人真诚有礼貌，给人的感觉很亲近，具有亲和力。谦虚的人容易与其他人打成一片，生活中心情也会很舒畅。

有了谦虚的心态，就会表现出平和的姿态。凡是谦虚的人，一般都会有一个好的生活工作环境，也都有一个好的未来。有这样的名片在手，会使人终身受益。

谦虚还是一种气质的表现。谦虚的人，内心都是平和的，表情也是平静的，没有丝毫的紧张，也没有丝毫的失落。有的只是平稳镇定，给人一种舒畅的感觉。

谦虚能表现一个人的品质。其实，一个人到底怎样是谁也无法说清的，人与人的性格也是不一样的，可以说，谦虚是性格的一种，说到底也是一种品质。

有了谦虚的品质，就会很容易让人产生共鸣，这种品质是美的，也是受人尊敬的，人们都喜欢谦虚的人。

无论遇到什么，都要谦虚一点，要多想一下事情好的一面，静下心来好好考虑，而不是凭意气用事。此时的谦虚就是一个好的情绪调节剂，我们要谦虚一点，认真听一听、看一看，或许事情就会有转机。

在人生的旅途中，我们不能过分自信，要学会谦虚，能够听取他人的意见，才能使人生不偏离正确的轨道，才能学习到更多的知识，学会更多的本领。

我们要善于听取他人意见。当富兰克林还是个毛躁的年轻人时，有一天，一位教会的老朋友把他叫到一旁，尖刻地训斥了他一顿："本，你真是无可救药。你已经打击了每一位和你意见不同的人。你的意见变得太珍贵了，没有人承受得起。你的朋友发觉，如果你在场，他们会很不自在。你知道得太多了，没人能再教你些什么，因为那样会吃力不讨好，而且又弄得大家都不愉快。因此，你不能吸收新知识了，但你的旧知识又很有限。"

富兰克林接受了那次教训。他已经能成熟明智地领悟到自己的确是那样，也发觉自己正面临失败和悲剧的命运。于是他立刻改掉傲慢、粗鲁、好辩的习惯，使自己最终成为美国历史上最能干、最老练的政治家的。

我们还要善于拒绝他人的恭维。高尔基有一个打算，出版到契诃夫为止的俄国作家优秀作品选100卷。

高尔基周围的献媚者很多，其中的一个在《100卷》的编辑会议上列举高尔基的作品，说到每一部作品时都添油加醋地恭维了一番。

高尔基居高临下地看着他，生气地撅起了胡子。当发言者说到他的早期作品之一，著名诗作《海燕之歌》时，高尔基打断他的话："您看来是在开玩笑，我想起这作品来就不好意思，这是一部很差劲的作品"。

当说到高尔基的几部剧本时，那人又一次恭维起来，高尔基又插话说："对不起先生，你所谈的这位作者是个不高明的剧作家，除了《在底层》一部剧作外，其他所有的，我看都不像样。"

高尔基不因别人的恭维而收录自己的作品，表现出了他谦虚的品格。

谦虚的品格能使一个人面对成功荣誉时不骄傲，把成功视为一种激励自己继续前进的力量，而不会让自己陷在荣誉和成功的喜悦中不能自拔，沾沾自喜于已得之功，不再进取。

但是，道理好懂，实行起来往往却相当难。对于我们青少年来说，学习上不谦虚、爱骄傲的同学有一个明显特点是：学习成绩起伏大。原因是他们不能正确对待自己，不能正确对待老师和同学。

他们喜欢用自己学习上的长处和别人的短处相比，喜欢挑老师的毛病，总感到自己不简单，这也就使他们很难从同学和老师身上学到人家的长处。这些学生在学习上稍微取得一点成绩就忘乎所以，而一旦碰到一点挫折又容易灰心丧气。

怎样才能在学习过程中使自己谦虚起来呢？我们不妨从以下几个方面做起：

要在学习上对自己提出更高的标准，提出经过自己一番努力才能达到的标准，使自己时时感到学习上还有很多问题需要解决。

要和比自己强的人相比，找到彼此间的差距。具体地说，要和同班的优秀生相比，和同年级的优秀生相比，和学习条件比自己差而学习成绩比自己好的同学相比，还可以和历史或现实生活中的杰出人物相比，从中找到差距。再进而想一想，别人能办到的事自己是否也能办到。

要想想要达成未来的事业，应对自己提出什么要求。这样去想，就会感到要学的东西实在太多了，而现在取得的成绩实在太小了。这样就会不断进取，就会在学习上取得更大的成绩。可以说，谦虚的品格正是使人成功不可缺少的美德。

虚心是青少年获取更多知识的金钥匙。具备了"虚心"的学习态度对青少年树立正确的学习动机、激发自觉学习有着直接影响。

作为新时代的青少年，我们要总结古人已有的教训，要有疑就问，有意识去问，虚心向别人请教。

人生有限，精力有限，这就注定了学贯古今、识穷天下对任何一个人来讲都毫无实现之可能，也就是说每一个人都存在无知和不足，那么虚心不自满就应该成为人们的一种共同心态，也就是说，每个人都应该虚心，因为只有谦虚才能学到更多的知识。

二、加强修养：谦让是道德之花

谦让是一种修养和美德，谦让使人有着海纳百川的大度，青少年在生活中有了谦让，就拥有了清风拂面的淡定，也就拥有了快乐的生活和将来的成功。

谦让对青少年而言是一种爱，它恭逊温和，往往能让人与人之间的隔阂化为乌有，它能让相互的关系和谐融洽，它能消除彼此的顾忌，增进相互间的了解，它如同一种清澈柔润的调剂，使人与人更快乐的相处。

青少年朋友，我们来看一个关于谦让的小故事：

每当同学们发生纠纷，班上老师都教育和劝诫大家要学会谦让，过不了几天，班上依然纠纷不断。

但是，通过一次开展紧急演练的疏散，同学之间的纠纷倒少了不少，小奇很受启发。因为他学会了谦让，体会到宽容的意义。

那天早上，学校老师在广播里通知，今天中午让他们演练紧急疏散，设置了ABCD楼道，他们班疏散时要通过B道。

四、五班和六年级的同学都要从那里下楼，老师告诫大家要相互谦让，保持良好的秩序，快速下楼到达目的地。

通知的老师告诉大家，听到警报声不要紧张，只是演练，鞋带散了千万不要马上去系鞋带，先顺着人流一起下楼出去。

终于，他们等到了中午，大家都格外紧张，略微有点兴奋，紧张的是能不能在五分钟之内撤离教学楼，兴奋的是通过训练，以后应该不会因为地震和火灾等突发事故而发生踩踏事故了。

呜——警报响了，各班都快速排好队，在自己班门口静静地等着，等着前面的班级依次跑步下楼。

小奇看到，一班同学井然有序跑步下楼了，速度真快，比早操时大家在一起挤来挤去快多了。

他们班紧接着也下了楼，在楼道里，小奇一点也感觉不到拥挤，因为大家都记住了老师的要求，不一会儿，同学们都跑到操场上了。

虽然没有达到更加理想的速度，但大家依然很自豪，因为他们相互之间的谦让精神使他们用以比平时更快的速度完成了疏散。

这次紧急疏散演练，让他们更深刻地认识了谦让两个字的意义，也让小奇学会了谦让。

谦让是中华民族的传统美德，它如同雨后的彩虹、雪中的火炉、沙漠中的甘露。谦让是人与人沟通的桥梁，更是心灵交接擦亮的愉悦火花。

"爱人者，人恒爱之；敬人者，人恒敬之。"谦让是人际交往中必不可少的道德行为，它像雨后的彩虹、雪中的火炉、沙漠中的甘露，给别人也给自己营造美丽、温馨、滋润的环境。

谦让是我们走向成功的台阶，它是我们在为人处事方面的润滑油，它是我们遭遇挫折时的推进器。谦让他人，会让你的人生多姿多彩，更会让你赢得别人的尊重。记得"赠人玫瑰，手有余香"这句话吗？谦让他人，自己也能收获很多。

英国《太阳报》曾以"什么时候最快乐"为题目进行有奖竞猜，八万封来信中，有大多数人选择了：谦让是最快乐。因为谦让会换来别人的感谢与微笑，也会给自己换来好心情。

谦让会使"大事化小""小事化了"，同时，别人会感激、欣赏、佩服你的谦让和大度。谦让，意味着不是"无理狡三分"，意味着不去"得理不饶人"，如果无理者主动向有理者道歉，有理者向无理者说声没关系，双方以和平的方式解决问题，那种场面不知会让多少人的心中暖意融融呢！

俗话说得好："与人方便，自己方便"，谦让不但能让你得到别人的尊敬和感激，而且会让你有更多的知心朋友，当你遇到困难时，他们会伸出无私的援助之手，这是对你谦让的最大回报。

俗语又说：退一步海阔天空。能忍让别人的无理举动，实在是一种难能可贵的精神。面对复杂多变的社会，你是否动摇过自己的谦让之心？无论有没有，你都要记住，谦让并不等于懦弱，它给予我们的是公平公正的待遇。你谦让他人，他人也会谦让于你。

上天是公平的，他可能没有赋予你金钱、智慧，但他给予了你走向它们的台阶，那就是谦让。用你的谦让之心换回每一次的成功，用你的谦让之心去创造未来，去改变自己，去获得自己想要的成功。人若谦让，得到的是友情，是财富，更是逆境中伸出的援手。所以，朋友，请找回你那谦让之心，永远不要抛弃它，也不要怀疑它。

有这样一则小故事：美国拳王乔路易在拳坛所向无敌。一次，他和朋友一起开车出去游玩，途中因前方出现异常情况，他不得不急刹车。不料后面的车因尾随太紧两辆车有了一点轻微碰撞。

后面的司机怒气冲冲地跳下车来，嫌他刹车太急，然后又大骂乔路易驾驶技术有问题，并挥动双拳，有想把乔路易打个稀巴烂的架势。乔路易自始至终都在道歉，那个司机直到骂得没趣了，才扬长而去。

乔路易的朋友事后不解地问他："那人如此无理取闹，你为什么不好好揍他一顿？又不是打不过他，你可是职业拳击手啊！"乔路易听后认真地说："若有人侮辱了帕瓦罗蒂，帕瓦罗蒂是否就应给别人高歌一曲呢？"

事实上，以乔路易的实力，只需不重的一拳，就可以给那个蛮不讲理的人一个深刻的教训，可是他并没有这样做，只是一个劲地道歉，以谦让的态度感化了对方。

谦让是一个人的豁达，如同一泓清泉浇灭哀怨嫉妒之火。可以化戾气为祥和，化干戈为玉帛。谦让又是一种高尚的品德。这时若别人冲撞了你，内心也会感到不安。你以谦让待人，自然会得到别人的理解与拥戴。

谦让还是一种深厚的涵养。它是一种善待生活、善待别人的境界，能陶冶人的情操，带给你心灵的恬淡和宁静。它不但可以改善自己与社会的关系，还可使自己的心灵得到慰藉与升华。作为青少年，在生活中要懂得待人谦让。

在我们日常生活中，我们应当怎样要求自己做到谦让呢？其实谦让是可以学会的，关键的是自己平时就要严格要求自己与人和睦相处、与人为善，自然就会将谦让发展成习惯了。

小鸟们出笼的时候不是争先恐后的，而是井然有序的飞出笼子的；小鱼们出海的时候不是你追我赶的，而是慢条斯理的嬉戏汪洋的；小马吃草的时候不是蜂拥而上的，而是各奔东西的寻找嫩草；人们挖金的时候不是你抢我夺的，而是各自占地辛勤挖捡的。这，就是学会谦让的最有力的见证！

当你走在小路上时而谦让一下来往的，这是与自己与他人方便的良好表现；当你坐公交车时而谦让一下老弱病残，这也是与自己他人方便的良好善意。

学会谦让，是我们日常生活中的一门必修课，我们要时刻切记保持勤学善举。只要我们人人都能够学会谦让，那么我们的现实社会就将永远是一个和谐幸福的美丽家园。

三、立业之本：谦逊是事业的根基

"我自己只觉得好像是一个在海滨玩耍的孩子，偶尔拾到了几只光亮的贝壳。但真正的汪洋大海在我眼前还未被认识，未被发现"。一个伟大的数学家、物理学家、天文学家和自然哲学家在临终时竟是如此的谦逊。

牛顿用多年不懈的努力和虚心求教成就了自己光辉灿烂的一生，然而他却不因此沾沾自喜，他对于自己的渺小和对于世界博大的清醒认知都显示出了一种珍贵的品格——谦逊。

当谦逊在我们的身后默默地发挥着它的力量时，我们便会有不竭的动力，指引我们走向成功。谦逊恭谨，是成就我们事业的根基，是我们成功的源泉。

青少年朋友，我们来看这样一个小故事：

    谦逊是一个人的立足之本，是中华民族的传统美德，是人生成功的指明灯，一次小小的经历让小张领悟到了谦逊的内涵。

    记得有一次，老师在课堂上对同学们说："同学们，明天将进行考试，这次考试有一定的难度，大家要认真地准备"。老师的话引起了小张足够的重视，他把自己不懂的知识点认真复习搞懂，准备迎接考试。

    第二天考完试，大家在一起议论考试的情况，当时小张的心里也有一点担心。但是当试卷发下来时，小张的心里一下子乐开了花，他以满分的成绩荣获第一名，而不是班里学习最优秀的小蔡得到了第一名。

    这次小张以平时只是中上的水平得到第一名，他自己一下子就"飘"起来了，开始看不起周围的同学，不断打击身边的好友，对同学说话也一改过去平和的语调，凡事都认为自己很行。

    在后来的几次考试中，小张都取得了较好的成绩，小张的心一下子"大"了起来，更是对周围的同学不屑一顾，因为小张的改变，他的同学、朋友都开始排斥他，慢慢地小张成了一个"孤家寡人"，成为同学们排斥的对象。

    一次小张因为作业本用完了，跟他过去处得最好的朋友借一本，结果人家不借给他。小张想："不就一本作业本嘛，有什么了不起，不借给我，明摆着是妒忌我学习好"。

    慢慢地就连和小张关系最好的李阳、李晓也远离他而去，小张伤心极了，"凭什么，为什么他们谁都不理我、不和我玩？"由于缺少同学之间的交流、互帮互学，小张的成绩一下子就一落千丈。

小张感到十分孤独、无助，心里充满迷茫，他每天一个人独来独往，心里空荡荡的。一天，小张满脑子都乱乱的，两眼充满疑惑。老师走到他的身旁，轻轻地拍拍他肩膀，笑着对他说："小张，你怎么了？"

听到老师饱含安慰的话语，小张的眼泪一下子掉了下来，他满眼泪水地对老师说："大家疏远我，我心里难过。"

老师听了他的话，沉默了一会儿，对他说："你最近是不是骄傲了，什么都不在乎？你应该试着好好地跟同学们相处，这样对你、对大家都有好处"。

小张听了老师的话，又想想自己的所作所为，打击同学、看不起学习差一点的朋友、自高自大等一系列的事，他似乎想到了什么……

这时老师又对他说："小张，做人要谦逊，只有谦逊，你才能得到大智慧"。

第二天，老师送给小张一首陈毅将军的诗："九牛一毫莫自夸，骄傲自满必翻车。历览古今多少事，成由谦逊败由奢。"

多好的诗，老师给了他一副最好的"良药"。小张对照自己认真领会诗意，他醒了、懂了、也明白了。

此后，小张学会了谦逊对待每一个同学、朋友，他又重新拾回了往日的欢笑，因为前车之鉴，他懂得了珍惜、谦虚，学习成绩也在这次小小的教训后得到了质的提升，他十分珍惜老师给他的启示——谦逊。

在一次采访中，记者询问国际数学大师陈省身当初为什么选择了数学，陈省身回答：别的都不会，只好做数学。

无独有偶，另一个记者采访著名画家黄永玉，问他当初为什么选择画画，他的回答也是：别的都不会，只好作画。

他们所擅长的领域虽然不同，但都有一个相同之处，那就是他们尽管功绩卓著，但都十分谦逊，十分低调。

成功来自谦逊。为什么呢？庄子说："吾生也有涯，而知也无涯。"他很明确地指出了学无止境的道理。

假如你知道的是天上的"一颗星"，那么知识就是整个宇宙，辽阔无边。一个人只有掌握了许多必要的、有用的知识，成功的大门才会向你打开。因此，我们要谦虚好学。

著名学者笛卡尔说过："越学习，越发现自己的不足。"是啊，只有通过学习，不断扩大知识领域，扩充知识面，储蓄更多的信息，你才能真正领悟到"知也无涯"的深刻含义。

这样，你既不会妄自菲薄，也不会妄自尊大，做到谦逊成熟，不断进取，成功便不招自来。

那么，当我们在学习上有了一定作为的时候，还要不要谦逊呢？

要！因为"谦虚使人进步，骄傲使人落后。"有些人往往就是由于骄傲自大而陷入泥坑。正如前面故事中的那个小张朋友一样。

古人说得好："满招损，谦受益。"如果取得了一点点成绩就沾沾自喜，被眼前的胜利冲昏头脑，就会把辛辛苦苦得来的成绩毁于一旦。

在我们的学习生活中尤其不能骄傲，格言说："虚心的人十有九成，自满的人十有九空。"我们在取得好成绩时不自满，才会更上一层楼。

成功源于谦逊，这种谦逊不是浮于表面的，它不同于在公众面前的"谦恭奉承之势"，而是一种对于昨日辉煌能够淡然处之，对于名利不趋之若鹜，对于宇宙世界的博大能够清醒认知的珍贵精神和品质。

"满招损，谦受益""谦虚使人进步，骄傲使人落后。"这两句话都说明了谦逊对于成长的重要性。因为只有谦逊才能让人不断地接受新思想新知识而能不断进步，骄傲自满只能让人停步不前。

反过来讲，见识越广就越知道自己不足，因而也就越谦逊，而坐井观天者却只为自己能观察头顶上的一方窄小天空而沾沾自喜。

谦逊是一种待人对事的态度，也是品德修养的重要体现。因为只有谦逊的人才能不傲气、少自负，尤其在成绩面前不骄不躁。只要拥有了这种品格，便会不断地推动我们向成功迈进。

法国文学家维克多·雨果说得好"谦逊比骄傲有力量得多"。没错，怀揣着谦逊感恩，带着这种精神努力，才能将自己的梦想和目标付诸现实。这种宝贵的精神的确能将那些伟大的人生装点得流光溢彩，令人过目难忘。当我们回望人类文明璀璨的星空时，透过伟人们永垂不朽的身影，我们看到的是一个个伟岸灿烂的身影散发着璀璨的人格魅力穿越时空，跨过古今滋润着每一颗渴望成功的心灵。

大文豪列夫·托尔斯泰的每一篇作品发表前他都会去请他的朋友和老师帮他指正文章中的错误。

无产阶级革命导师列宁对革命事业做了很大贡献，他的功绩无法估量。可是他从来不谈自己的功劳。

谁都知道，二月革命是在以列宁为首的布尔什维克党的领导下进行的。但是填写履历表的时候，列宁只写了这样一句："1917年曾作为一个普通党员参加过二月革命。"

李嘉诚是全球富豪之一。地位如此显赫的他并没有因此不可一世、颐指气使，依然是那样的谦逊、平和。

有一次，李嘉诚参加汕头大学的奠基典礼，本来，他作为汕头大学创建人，应该是当之无愧地在贵宾签名册首页上写下他的名字，但李嘉诚没有这样，而将自己的名字签在第3页上。在这次宴会中，他跟每一位宾客敬酒、握手、交谈，不论对方地位高低，没有让人产生"距离感"。谦逊是一种美德，一种涵养，一种高尚情操，一种灵魂的修炼，能否做到谦逊也是衡量一个人思想品德是否高尚的方法之一。谦逊自古以来就是衡量一个人道德修养的标准之一。

青少年朋友，让我们永远牢牢记住吧，成功源于谦逊。胸怀谦逊之心，足踏万里之路，为我们未来的人生事业奠定良好的根基吧！

四、发掘财富：书中蕴藏着宝藏

随着互联网的普及，我国网民近年来大幅超过美国，跃居世界第一。这本是一件令人高兴的事，但是，却同时出现了一个让人担忧的问题——现在的青少年朋友阅读量大大减少了。

有一段时间，甚至经常有人说："读书其实没有用，看现在的许多大富商，钱挣得红红火火，但也没几个有文化的。"还有的人说什么"造原子弹的不如卖茶叶蛋的"。

读书，真的没有用吗？非也。书籍，是知识的宝库，让我们变得博学多才；书籍，是五彩生活的万花筒，教会我们品味生活；书籍，是大千世界的缩影，让我们看透世界；书籍，是人体中不可缺少的血液，是我们的精神支柱；书籍，是我们美好的回忆，让我们欣赏其中的魅力。

书中的知识多得像海洋，而我们掌握的知识只像一块漂在海洋里的木头；书中的知识多得像草原，而我们了解的知识只是草原中的一棵小草。书中自有黄金屋，书中的知识胜过珠宝。读书的益处，真是太多了，朋友，让我们来看一个青少年朋友是如何喜欢读书的吧：

古人说"书中自有黄金屋"，小轩也这么觉得！小轩从小就很爱看书。她离不开书，就像鱼儿离不开水一样。

在小轩三岁的时候，她就得到了一本小小的书，它是妈妈亲自去给她买的，名叫《肥皂泡旅行记》。书的形状很有意思：是一个带着微笑的肥皂泡。书中只有图画，没有文字，但图书内容丰富有趣，让她看了就爱不释手。

小轩上小学了，逐渐地，只有图画的书已经不能满足她了。她已经开始接触有文字带拼音的书。在享受书给她带来的乐趣的同时，也让她认识了更多的文字。

小学二年级的时候，小轩又开始看起了童话。《白雪公主》、《小红帽》、《灰姑娘》和《丑小鸭》，这些故事都让她入迷。其实最大的原因就是，这些童话故事的结局往往都是正义战胜邪恶，她当时很喜欢那种感觉。

渐渐地，小轩开始看起了儿童小说，内容更是精彩、有趣。有一天半夜的时候，她偷偷拿着一本《淘气包马小跳》趴在阳台上，借着皎洁的月光，津津有味地看了起来。

就这样，她将那整整一本书看完了！当她想回去睡觉的时候，竟然把最重要的"证据"——书落在了阳台上。第二天早上，妈妈在阳台上发现那本书时，实在是哭笑不得。

当小轩的知识"更上一层楼"的时候，名著出现在了她的书架上。她一读起来更是"废寝忘食"。

有一次，走在放学的路上，在过马路时，小轩还拿着一本《钢铁是怎样炼成的》在津津有味地看着。这时候，一辆车疾驰而来，与她擦肩而过。好险啊！

现在，小轩已经是一个六年级的学生了，即将告别小学走向中学。平时，要复习好功课，很难挤出一点儿时间来读书，因此，她只能在中午和晚上挤出一点儿时间来看书。

书中的内容丰富多彩，让小轩看到了五彩缤纷的世界，体会到了喜怒哀乐。有时书中的人物做出滑稽的表现让她开心不已；有时书中的人物那令人敬佩的行为，又让她为之感动；有时书中的人物办事损人利己，让她感到十分愤恨。只要捧上书，她就像坐在小船里遨游在无边无际的知识海洋里。

有时小轩看书竟然忘了时间，忘了吃饭，如痴如醉。《童话世界》丰富了她的想象力，《百分大王》提高了她的作文水平，《寓言故事》让她懂得了一些人生道理，《茶花女》等一些名著，让她领略到了大作家的风采……

虽然小轩的年龄不大，不懂得太多复杂的感情，但她曾为

《红楼梦》中的林黛玉发出叹息,为《简·爱》中的女主人公最终找到了幸福而兴高采烈,更为《西游记》中的师徒四人化险为夷,最终取得成功而欢呼雀跃。面对着一本本好书,小轩将自己融入书中,走进人物的心里……

书籍是人类进步的阶梯,在书里,可以挖掘到丰富的知识宝藏。若把书比作海洋,小轩觉得她只尝到了一滴水;若把书比作花园,她觉得她只寻到了一朵花……书的王国中有着浩瀚的知识,小轩要在这间黄金屋里找到更加丰富的宝藏!

读书,对任何人而言都是一件有益的事。高尔基说:"几乎每一本书都似乎在我的面前打开了新的不知道的世界窗口。"的确,书是使人明智的财富!读书可以开阔视野。每个人的生命是有限的,不可能对每种事物的认知都要亲身实践,只有通过读书,才能使我们知道,美丽的星空是广阔无边的,人类的进化是经过漫长历程的,大自然是神奇而美丽的,知识的海洋是无穷无尽的……

书本中的知识可谓是包罗万象。通过读书,可以丰富知识,拓宽视野。读的书多了,自然就懂得多了,"博闻强识"也就是这个道理。

读书可以陶冶情操。当我们心情郁闷、悲观失望时,可以翻翻那些使人在笑声中受到启迪的漫画书和童话书,你会为"灰姑娘"美好的结局而感到欣慰,为"丑小鸭"变成美丽的天鹅而兴奋不已。也可以看看科幻书,它们带你走进科学的世界,产生美好的遐想,不再感受到生活的平淡,从而使人精神焕发,信心倍增。

读书可以提升文学性情。舒婷的诗有明丽隽美的意象,缜密流畅的思维;何其芳的《秋天》让人感觉到丰收的喜悦凝聚在饱食过稻香的镰刀上;罗兰的散文如连环画,自然、清新,充满生活情趣,让我们爱不释手;朱自清的散文描写细腻,富有诗意,让我们流连忘返。读书能让我们提高自己的精神境界。

读书可以提高写作水平。我们每一个人都有过为写作文而发愁的经历。读书过程中，你会欣赏到许多优美的词句，在写作时，就可以学习和借鉴，取长补短。长此以往，便会积累丰富的素材和经验，自然就能体会到"读书破万卷，下笔如有神"了。

读书可以使我们懂得更多道理。一本好书就是我们人生道路上的指航灯。当你处在人生的十字路口无法判断时，有关教育如何做人方面的书籍会使我们毫不犹豫地做出理智的判断，不为蝇头小利而动，不为艰难险阻所困，扎扎实实地走好人生的每一步，做一个勤奋、诚信、高尚的人。

读书可以增强我们的爱国意识。中华民族有着悠久的历史和灿烂的文化，四大发明、雄伟的万里长城、辉煌绝世的兵马俑，无不让我们骄傲和自豪。然而火烧圆明园、南京大屠杀的耻辱历史，让我们知道贫穷落后是要挨打的，从而激励我们更加奋发图强，把祖国建设得繁荣富强，使历史的悲剧不再重演，让周围的人过上幸福安康的生活。

读书是一种享受生活的艺术。当你枯燥烦闷时，读书能使你心情愉悦；当你迷茫惆怅时，读书能平静你的心，让你看清前路；当你心情愉快时，读书能让你发现身边更多美好的事物，让你更加享受生活。

古往今来，人们之所以重视读书，是为了从书中汲取营养。书籍是人类进步的阶梯。假若你手捧着一本书，在校园的长凳上细细地阅读时，你一定会有一种满足感。

有人曾说过："书的所有价值，其一半都是由读者创造的。"

读书是一种学习的过程。一本书有一个故事，一个故事叙述一段人生，一段人生折射一个世界。"读万卷书，行万里路"说的正是这个道理。

总之，读书应成为青少年生活的一部分。书是知识的海洋，信息的仓库，是经验的总汇。大家应该学习古人的精神，挤时间读书，多读一本书，多活一种人生，多一份智慧，多一分力量。

在读中学，在读中乐，与书为友，为自己营造一个书香人生，让我们每一个人都热爱读书吧！这里，送大家一首诗《走进书里去》：

书是一扇沉重的门，

它垂青于每一个敲门者。

它敞开的门扉里，

是一口淘不完的井，

是一座掘不尽的矿。

走进书里去，

从书里走出来，

让知识的浪花滋润你的肺腑，

让动人的箴言树起你人生的路标。

五、走向成功：知识是成功的基石

青少年朋友，冥冥之中，是什么主宰着我们的命运？我们要怎样才能改变自己的命运呢？著名导演张艺谋就回答了这个问题："无论是名扬全球的科学家、艺术家，或是一个普通百姓，都是知识改变了他们一生的命运。"

是知识，让贝多芬扼住了命运的咽喉；是知识，让轮椅上的霍金成了全世界的骄傲！

知识就是力量，是彻底改变个人命运的第一推动力。在当今知识经济时代中，谁拥有知识、拥有才华，就等于把握住了自己命运的咽喉。知识改变命运，知识助我们走向成功。

青少年朋友们，让我们来看一个小故事：

1995年，24岁的宁波青年丁磊揣着几千块钱，孤单地站在广州繁华的街头。这里的电脑城一片欣欣向荣，很多年轻人都在寻找自己的创业机会。此前，从成都电子科技大学毕业后，丁磊回到家乡，在宁波市电信局工作。电信局"旱涝保收"，待遇很不错，但丁磊感到一种难尽其才的苦恼。

1995年，他从电信局辞职，遭到家人的强烈反对，但他去意已定。他这样描述："这是我第一次开除自己。人的一生总会面临很多机遇，但机遇是有代价的。有没有勇气迈出第一步，往往是人生的分水岭。"

他选择了广州。有朋友问他为什么去广州，不去北京和上海？他讲了一个笑话：广州人和上海人，其实就是南方人和北方人的比较，如果广州人和上海人的口袋里各有100块钱，然后去做生意，那上海人会留50块钱作家用，另外50块钱去开公司；而广州人会再向朋友借100块钱去开公司。

凭着耐心和实力，丁磊终于在广州安定下来。1995年5月，他进入一家外企工作。最初的日子是艰难的，他后来"精湛"的厨艺，就是那段日子"苦中作乐"的明证。

工作一年后，丁磊又一次萌发了离开那里，和别人一起创立一家与电脑网络相关的公司的念头。在当时他已经可以熟练地使用电脑网络，而且成为国内最早的一批上网用户了。

1996年5月，丁磊当上了广州一家因特网服务公司的总经理技术助理。在这家公司，他建立了中国公用计算机互联网上第一个"火鸟"网上论坛，结识了很多网友。

1997年5月，已经三次跳槽的丁磊决定自立门户，创办网易公司。1998年7月，中国互联网信息中心投票评选十佳中文网站，网易获得第一。

丁磊的成功绝不是偶然。如果没有他掌握的计算机知识，他就不可能有后来的成就。可以说，正是知识成就了丁磊的财富人生。这对于我们大家是不是有所启发呢？

从远古开始，人们不断丰富自己的知识：从油灯到电灯到无影灯，从刀剑到枪械到炸弹，从热气球到飞机到火箭……正因为人们不断丰富知识，掌握技能，才不断地在自然中生存得更好。

现在，我们能做的，就是丰富自己的知识，为祖国的繁荣昌盛而学习知识。马克·吐温曾经说过："19世纪有两个奇人，一个是拿破仑，另一个就是海伦·凯勒。"

海伦·凯勒在19个月的时候失去了视力和听力。在这黑暗而又寂寞的世界里，她用顽强的毅力克服生理缺陷，得到许多知识，掌握了五国语言，完成了一系列著作。海伦·凯勒在书中写道："知识给人以爱，给人以光明，给人以智慧，应该说知识就是幸福，因为有了知识，就是摸到了有史以来人类活动的脉搏，否则就不懂人类生命的音乐！"

的确，知识的力量是无穷的，正是知识使海伦·凯勒创造了这些神话。我们每一个人，都应该像海伦·凯勒一样，用知识来充实自己，变成一个对社会有用的人。大家听说过犹太人的故事吗？犹太人父母在他们的孩子出生时就在书本上滴上蜂蜜，让孩子去吃，为的就是告诉孩子们，看书就跟吃蜂蜜一样甜。

所以犹太人特别爱看书，曾经有人统计过，平均每个犹太人一年要看300多本书，他们从书中积累了丰富的知识。而现在世界公认犹太民族是世界上最有创造力的民族。

当今社会最注重什么？人才！因为人才是促进社会发展的动力，只有掌握了足够的知识，才能成为一个人才，成为对社会有用的人，反之，我们就很难被社会认可，终将被社会所淘汰。一个有知识的人能改变自己的命运，一群有知识的人能改变国家的命运。

知识对于一个人、一个团体、一个民族，是多么的重要！知识，是我们精神的需要，知识是无穷无尽的，在你不断汲取知识营养的同时，知识已经化为了一种力量，让你无往不胜。

在竞争日趋激烈、知识更新不断加快、科技发展日新月异的今天，对新知识的学习就更显得十分重要了。因此一辈子都要在学习中度过，是强者做人的重要法则。一个缺乏知识的人，怎么能够成为强者，怎么能够与人较量？学习是成功的资本，这是因为无学识将无以致用，所以要做一个以知识为本的人。在人的一生中，绝不会顺利地走向巅峰，遭遇挫折和失败是难免的，学习和提升自我的速度如何，是在这个无情竞争的社会中成败的关键。

在知识经济时代，没有知识的人越来越寸步难行，其实没有知识并不可怕，最可怕的是没有学习意识，最可悲无望的人就是那些贫困没有知识且无学习意识的人，所有的经济力量莫不依赖于知识，产生于知识，市场竞争由产品竞争发展到知识竞争。劳动生产率的说法已日益过时，而知识生产率的提升已经成为越来越多人的共识，知识是众多成功要素之中最重要、最核心的力量，对此每个人都应该毫不怀疑。

然而，知识从来不属于懒惰的人。只有勤奋学习，我们的生命之树才能结满丰硕的果实；只有勤奋学习，我们才有力量向理想的目标靠近；只有勤奋学习，我们才会创造崭新的自我，让执着的追求书写无愧的人生。鲜花和掌声从来不会赐予好逸恶劳者，而只会馈赠给那些风雨兼程的前行者；空谈和散漫决不会让你美梦成真，只会留下"白了少年头，空悲切"的慨叹。只有学习知识，才能到达成功的彼岸。

知识是石，敲出生命之火；知识是火，点燃命运之灯；知识是灯，照亮命运之路；知识是路，引我们走向灿烂的明天！

那么，新世纪的青少年们，赶紧行动起来吧，抓紧时间学习，用知识创造全新的自己，用知识创造美好的未来，续写中华民族的新辉煌！

六、完美人生：学习助你完善人生

今天所处的时代，是知识的时代、信息的时代、竞争的时代，更是一个学习的时代。竞争就是知识的竞争、科学技术的竞争、人才的竞争。著名的管理大师圣吉彼德曾说过："未来唯一持久的优势，是你有能力比你的竞争对手学习得更快。"

学习是一个人们再熟悉不过的词语了，但对于许多人来说，学习还是一个远没有解决好的问题。学习是需要人们终身面对的一个重要问题。"学如逆水行舟，不进则退"。在这样一个激烈竞争的时代，无论是个人、企业还是国家，都在学习中赶超他人，使自己立于不败之地。学习是成功之母，学习是通向未来道路的铺路石。

一个人只有重视学习、善于学习，不断提高自己的知识和本领，才能掌握自己人生的主动权，成就自己美好的未来。比尔·盖茨说："你可以离开学校，但你不可以离开学习。"

亲爱的青少年朋友，我们来看一个小故事吧：

在小沐咿呀学语的时候，妈妈就给她买了小朋友的学前知识套餐，在她两岁时，包括唐诗、寓言故事、童话故事，在妈妈的引导下，已能背得滚瓜烂熟，尽管书是倒着拿的。

在五岁时，小沐已经能认字读书了，妈妈给她买了《西游记》连环画。她捧着那本书贪婪地读着书上的每一个情节，看了一遍又一遍，简直入了迷。

渐渐地，小沐便和书结下了不解之缘。《十万个为什么》让她知道了大自然的美妙和五彩缤纷的世界，还有浩瀚的宇宙；《白雪公主和七个小矮人》把她带到了那间神奇的小木屋，让她懂得了"不要从外表去判断一个人的美和丑，关键是看他的心灵"；《悬梁刺股》的故事，激起了她勤奋学习的火花……她爱上了读书学习。

就这样，妈妈开启了小沐人生起步的大门，读书伴她度过了纯真的学前期，又引领她走进多彩的小学时光。

记得小时候，小沐常常缠着爸爸妈妈问他们一个又一个稀奇古怪的问题，他们常常被她问得哭笑不得："多读书，它会给你满意的回答。"

每个夜晚，在柔和的灯光下，妈妈开始给她讲书上有趣的故事，她一边听，一边看妈妈念的字怎么读，到幼儿大班的时候，她已经能将报纸上的新闻读给妈妈听，妈妈真是惊奇极了……上小学后，在老师的帮助下，小沐学会如何看书，只要一有时间她就跑到新华书店，像一只贪心的小蜜蜂，在书的百花园里采集花粉。在这里，小沐发现了一个又一个秘密：猿人是人类的祖先；恐龙高大可怕；远古时代，人们钻木取火……哦，世界原来这么奇妙！

如果没有书，人类将永远蒙昧无知；如果没有书，我们将不能生活，不能进步。小沐的成长离不开书。看书时，她曾经被《皇帝的新装》逗得前仰后合，被《卖火柴的小女孩》感动得热泪盈眶。书，能让她思索，那里有人世的沧桑，有历史的痕迹；书，更能让她成熟，让她成长，指引她前进的方向。

俗话说："秀才不出门，尽知天下事。"读书使小沐足不出户就能感受到茫茫宇宙的无限神奇，还使她懂得了做人的道理。妈妈说，要学会读书，要读好书。不但要读，遇到好的东西还要记下来。

小沐准备了笔记本，有时自己记，有时妈妈帮她记，记下来的东西又是一本好的学习资料，随时用得着。最近，小沐又读了一套《感恩》全集，从那里，她体会了人生的艰辛和不易，学会了关爱和感激。有人说过："读一本好书，就是和许多高尚的人谈话。"一本好书是我们的良师益友，一本好书将使我们受益终生！书，开阔了小沐的视野，丰富了她的生活；书，帮助她不断提高，不断进步；书，带给她幸福，带给她满足。拥有书，小沐觉得自己拥有了整个世界，拥有了美好的明天！

漫漫人生路，时常感叹时光流逝、悄然地从指尖溜走，而茫然不知所措。我们要像故事中的小主人公那样，每天好好学习，好好读书，让学习伴我们成长，陪我们进步。学习就好比人生的阶梯，是一个循序渐进的过程，我们从未止步，一直在攀登。历来有好多名人志士都懂得如何去学习，去掌握知识，因此他们才获得惊人的成就。

美国著名汽车制造商亨利·福特曾说过：不管是30岁还是80岁，当一个人停止学习时，他就老了！不停止学习才能保持年轻，人生中重要的事就是保持心理的年轻。所以努力学习去保持年轻！

论语中这样说：学而时习之，不亦说乎？有了学习，你的人生才能感觉到快乐，感觉到充实。有这样一个名人，可谓家喻户晓。他就是美国著名的发明家爱迪生。他从小家境贫寒，只读了3个月的小学就失学了。在上学的时候，妈妈常被叫到学校去跟老师谈话，因为爱迪生常常提出一些老师认为很奇怪的问题，老师认为他是一个低能儿童。于是妈妈就决定自己来教导爱迪生。爱迪生从小就对很多事物感到好奇，而且喜欢亲自去试验一下，直到明白了其中的道理为止。他的一生都沉浸于自己热爱的科学实验当中，取得了1093项专利权。

正因这种勤于自学，对发明事物钻研的精神，善于思考的态度，他才能从别人眼中的低能儿转变成后来的"发明大王"。他曾说过：天才是百分之一的灵感加上百分之九十九的汗水。

是的，这百分之九十九的汗水就是他不断学习的过程。他的学习过程不光有汗水还有快乐，才有如此惊人的成就。这就是爱迪生的一生，他的一生就是在科学实验中度过的，他一生都在学习和研究。

没有知识的人生是可怕的，没有学习的人生是无知的，所以让我们为人生插上知识的翅膀，努力学习吧！没有学习就没有进步，没有进步就没有发展，人生需要不断地学习。当今社会是一个科学技术日新月异、处处充满知识的社会。现在，学习知识成了社会生活的头等大事。显然，没有知识，在社会上是寸步难行，很难立足于这个社会，更不要说服务于社会，对社会有所作为了。

俗话说：活到老学到老。如果每一个人都能把学习放在一生中的重要位置上，那么我们的社会每天就会有许许多多在不断学习的人，那么，我们怎么会愁社会不进步？怎么会愁我们的国家不强大？

为了祖国的强盛，我们要学习；为了人类的进步，我们更应该学习。为了社会的繁荣，国家的强大，民族的兴旺，为了科技的进步和发展，让我们一起行动起来，不知疲倦地学习吧！

　　让我们每一个人都博览群书；让我们的社会充满了琅琅书声；让我们每一个城市都笼罩着一股浓浓的学习气氛；让我们的社会成为一个实实在在的"学习型社会"。

　　这样，人们便不会将学习作为一种负担，而是把它作为一种有益的活动，人们不仅在学习中得到知识，而且从中也感到学习的乐趣。那么我们的科技便会突飞猛进，我们的国家会一天天地强大起来，人民的生活也会一天天好起来。学习应当成为我们的生活方式，通过学习提升自己的品德修养和精神境界。学习有三种方式：一是向书本学习，二是向实践学习，三是向他人学习。成功的实质不是战胜别人，而是战胜自己；学习的实质不是学习自己，而是学习别人。

　　有位作家说过："学习是一个人的真正看家本领，是人的第一特点，第一长处，第一智慧，第一本源，其他一切都是学习的结果，学习的恩泽。"学贵有恒，学无止境。为了成就美好的未来，我们都应该树立终身学习的理念——"活到老学到老"。

　　其实，人人都可以成功，唯一的区别仅仅在于学或不学、学多或少而已。换一个角度来说，学习能使人聪慧、使人文明、使人高尚，更使人全面发展。

　　"学习力就是竞争力，竞争力就是生存力。"不学习，不掌握新知识和新本领，就不具有生存和发展的能力。由此可见，人生的竞争，就是学习的竞争，学习的竞争实际上是为了生存与发展竞争。凡是取得了成功的人，都是平常重视学习的人。我们青少年，是祖国的未来，民族的希望，应该多学些知识。只有不断学习，才能掌握丰富的知识和懂得做人的道理，才能成为社会的有用人才。

七、永不自满：人生需要不断超越

"超越梦想一起飞，你我需要真心面对。"一首《超越梦想》唱出了无数人敢于超越自我、超越梦想的激情。的确，超越中暗含着危险，超越需要十足的勇气。但是，没有对自我的超越就没有可能到达一个崭新的高度。

当你面对挑战时，是勇敢向前还是畏惧不前？当你面对机遇时，是果断超越还是左右迟疑？当你面对困难时，是勇于超越还是害怕退缩？

为了让我们的生命更加精彩，青少年朋友，我们应选择前者，实现不断超越的人生。亲爱的朋友，这里有一个勇于超越的小故事：

有一天，老师高兴地对同学们说："要进行全国绘画比赛了，希望同学们积极报名参与。"洋洋环视四周，同学们都安静地坐着，教室里鸦雀无声。没有人勇敢地举起手，没有人鼓励自己参加比赛。他想：人生能有几回搏，机不可失，时不再来。又细想，这次没勇气，怕困难，下次还是没有勇气，机会不就这样悄悄地溜走了吗？

不行，我要战胜缺乏信心的自己，抓住这次比赛的机会。想到这里，洋洋举起了手，报名参加了比赛。

回到家，洋洋精心地准备好绘画工具，并将各色的颜料收拾得整整齐齐。万事俱备，只欠东风。

比赛那天，洋洋自信满满地直奔考场，但是比赛开始前，他心里还是"怦怦"跳个不停。比赛在他的焦急期待下终于开始了。这次他对绘画的主题画稿已经"胸有成竹"了。但是因为紧张，他手心直冒冷汗，前几次都没能画好。

后来，他调整心态，暗暗为自己打气，终于把画画好了。

经过一段时间的等待，比赛结果出来了，洋洋得了三等奖。公布结果的那一刻，他激动极了，心里比吃了蜜还甜，因为他又一次战胜了自己。

这次比赛以后，洋洋毫不犹豫地又报名参加了学校举行的其他比赛。虽然不是每次比赛都能取得优异的成绩，但是每参加一场比赛他的自信心就更多一点，对自己的认识也就更进一步。通过这些挑战，洋洋知道了失败时不能妄自菲薄，要看到光明；成功时不能趾高气扬，要看到不足；在困难面前不失掉信心，要保持冷静的头脑，永远不放弃自己追求的目标。

人生在勇于超越中才能得到升华，正像故事中的主人公那样，在别人都不敢报名的时候，他毅然地举起了手，抓住了这次的绘画比赛机会，不仅超越了同学，更超越了自己。人生需要不断地超越，只有超越，才能让我们的人生充满激情，永远保持新鲜。为什么这样说呢？

美国著名的人本主义心理学家马斯洛说，人的需要由生理需要、安全需要、归属与爱的需要、尊重的需要、认识需要、审美需要以及自我实现的需要七个不同层次的需要组成。

如此一来，人的一生本也就应该是一个不断追求、不断超越的过程，这个过程将会永无止境。这与人心不足的贪婪是不同的，这种追求本身并不是或者不仅仅是指向物质，而包含着更加丰富的内容。这个世界上，一切都是变化的，除了运动，没有什么能够永恒。同样，人的一生，也没有什么是永恒的，永恒只存在于不断的创造和不断地超越之中。

百尺竿头须进步，即使到了百尺竿头的顶端，取得了很大的成就，也不能骄傲自满，还要继续努力，再接再厉，去争取更大的胜利。

只有不断地超越，才会取得更大的胜利。无论在学习中、生活中，只有懂得超越、会超越的人才会胜利。

但超越谁，是由自己决定。你可以选择超越自己，也可以选择超越别人。当你找到了超越目标，就要敢于超越，不管超越多少，哪怕是一点点，只要你勇往直前，永不退缩，就是自己生命中的勇者。

要知道，不是每个人都会超越的。有些人会自满，认为自己已经做得不错了，就适可而止了。其实，这是远远不够的。

想要超越自己的人，你可要谨慎一点了。自满也许会让你找不到自己的缺点，因此，也就无法进一步地去改善自我。即使改善了，你也会有一种"差不多了"的心理，因为你没有目标，没有竞争。所以只有永不自满，永远努力奋斗的人才能不断超越自我。如果选择超越别人，那人与人之间就能互相竞争，大家就能共同进步，取长补短，做得更好。

不断超越，能让人越来越聪明。在睡觉前，你应该问一下自己：我今天超越了吗？其实，只有那种敢于超越，永不自满的人才能成为社会上、生活中的智者。每个人都有不足，世界上没有一个人是十全十美的。当你自满时，当你克服不了懒惰的心理时，你就要想起这句话：没有最好，只有更好。只有不断地去超越，生活才会充满乐趣和希望。小溪在不断超越中东流入海，竹子在不断超越中节节拔高，人生在不断超越中获得成功。

超越前人，方能展示自己的思想。前人的思想理论只是一块奠基石，只有不断超越，才能突破束缚，让自己的思想发光。

麦克斯韦超越了法拉第的"电磁感应理论"，提出了自己的"数学电磁论"，超越让他从一个新的高度来阐释自己，超越让他站在巨人的肩膀上摘到了属于自己的星。所以，只有不断超越，思想才能闪光，人生才能飘扬。

超越苦难，方能拥抱自己的梦想，苦难是人生的垫脚石，只有超越它，把它踩在脚下，梦想便只有咫尺之遥。

霍金在超越苦难后，终于让自己的思维遨游于无际的宇宙黑洞中，他就像凤凰一样浴火重生，就像毛虫一样破茧化蝶，正是在一次次的超越过程中，他实现了自己的目标，拥抱了自己的梦想。所以，只有不断超越，梦想才会实现，人生才会辉煌。

如果不是一次次的超越自我，博尔特能在赛道上风驰电掣打破自己所创的世界纪录么？如果不是一次次的超越自我，比尔·盖茨能不断开发出新的计算机软件系统而引领信息行业么？因为超越，他们不断地走出过去的自我，走向新的自我，最终走向完美的自我，所以，只有不断超越，自我才能更加完美，人生才能远航。

在竞争日趋激烈的现代生活中，"超越"意识是不可少的。只有时刻准备着超越，时刻保持超越的姿势，我们才不会被竞争所吞噬，才能在茫茫天地间占据一个原点，以此为圆心开辟自己的世界。

"白日依山尽，黄河入海流，欲穷千里目，更上一层楼。"人生也应如此，超越无止休。冰冻三尺，非一日之寒。超越也非一日之功，任何成功的花儿都经历了奋斗的泪泉，洒遍了牺牲的血雨。

邓亚萍如果不超越，何以成为世界冠军？又岂能成为后来的奥运大使呢？奥斯特洛夫斯基如果不超越，何以凭借流血的手指"写出"生命的著作《钢铁是怎样炼成的》？美国第一飞人盖·费斯如果不超越，何以敢与癌症作殊死搏斗，最终成为"从坟墓中爬出来的世界冠军"……

所有的一切都在昭示着：只有超越，才能迈向成功之路。

亲爱的朋友们，让我们点燃激情，勇敢地超越自我，超越梦想吧：

> 当圣火第一次点燃是希望在跟随，
> 当终点已不再永久是心灵在体会。
> 不在乎等待几多轮回，
> 不在乎欢笑伴着泪水。
>
> 超越梦想一起飞，
> 你我需要真心面对，
> 让生命回味这一刻，
> 让岁月铭记这一回。
>
> ……

第五章

自矜与低调——放低姿态，戒骄戒躁

与其"好为人师"招惹麻烦，不如去"拜人为师"促使自己成长；这并不是自私，而是智慧，只有擅长淘别人的金，才能不断充实自己。

向他人学习，不要随便指点、纠正别人。骄傲的人往往自以为是，他认为别人观念一定有问题，只有他自己的才是对的，就会在应该同意的场合固执起来，就会拒绝别人的忠告和帮助。

一、自命不凡：不要自认为强大

现在的青少年朋友生活条件相对优越，受到挫折的机会较少，很容易沉醉在没有什么现实依据的自满中，从而不能准确地判断自己的实力，这样是很不可取的。

要知道，越是没有本领的就越加自命不凡。有些青少年总是感觉自己才是天下第一，不知道天高地厚，不知道自己的斤两，其实这是一种自欺欺人的表现。

青少年朋友，适当地拥有自信会使我们在前进的路上更勇敢，但是，盲目的自我陶醉，甚至妄自尊大，只能成为人生路上的一块绊脚石。

我们来看这样一个小故事吧：

今天，爸爸对小朋说："我要一雪前耻了！我倒要看看你在象棋上是真的有天赋，还是侥幸才赢了我两局！"

自从上次小朋在爸爸那里胜了两次后，他再也不把老爸放在眼里，狂妄地说："手下败将还想翻盘，真是痴人说梦！"于是，小朋便拿出棋盘和爸爸拼杀起来。

首先，爸爸亮出了他惯用的一招"仙人指路"，小朋丝毫不把爸爸放在眼里，来了个"当头炮"。

爸爸毫不示弱，连忙"把马挂"……

突然，爸爸灵光一闪，给小朋设下了"双环套"，小朋自我感觉还是非常好，草草地走了一步，只听爸爸大喝一声："将！"

小朋一看，翻着白眼对爸爸笑着说："切，老爸，你是老糊涂了吧？哪里有将啊？"

"你就看着吧！不出三步，你就得'牺牲'了！"爸爸扬扬得意地说。

"真的吗？咱们走着瞧吧！"其实小朋根本就没仔细看棋，因为他感觉自己早把老爸这"三板斧"搞清楚，他还能反上天？

"出车，杀马，"小朋想都没想，继续狂妄自大地发起自认为猛烈的进攻，丝毫不顾空虚的后方。

忽然，他又听到了爸爸"将军"的消息，还以为老爸又是在骗人，可往自己这边一看，已然成为死局，不知道什么时候爸爸的双车都跑来了，小朋只有举手投降。

"哎，我真是倒霉……"

"呵呵呵，不是你倒霉，而是你根本就没有专心，小小的胜利就冲昏了你的头脑，当然会失败了……"

是啊，老爸说得真是太对了，那步棋爸爸提醒小朋的时候小朋就应该看出来的，并不是很复杂的布局，可是小朋却疏忽了，真是不应该。以后再也不能这样自命不凡了。

自大容易让人盲目，因为很难从客观的角度看待他人的言行，就如同上面故事中的"小朋"，以为自己的棋艺在老爸的面前很强大，完全不顾面前的棋局，结果只能是失败了。我们每个人都有自大的时候。就好像我们许多人在听到别人做了什么不该做的事情时，就经常会说"这种事情都有，这人真是傻。"

其实，每个人都不傻，不要把别人当傻瓜，要相信每个人做事都是有他的道理的，然后再去想一个有着正常智商的人为什么会有反常的表现，这样我们才会想得更深，看问题看得更真切。

自命不凡的人是典型的盲目乐观主义者。沾沾自喜、孤芳自赏、视他人为粪土是他们的本质。他们不善于听取别人的意见，在故作高深、得意忘形中侃侃而谈，不思进取，甚至是脱离实际的纸上谈兵都能给其带来无尽的窃悦，殊不知一切都是在自欺欺人，毫无实际的意义和作用。

俗话说得好，"人贵有自知之明"。这个"明"，不仅仅是要如实看到自己的长处，同样也要分析自己的短处。世界上最大的敌人不是别人，正是自己。

不如别人时，要以真诚谦虚的心态加以请教，理性分析自己不如别人做得好的原因；比别人做得好时，要注意保持自己的优势，而不是自命不凡、妄自尊大。

有一只蚂蚁，它的力气很大，它能毫不费力地背上两颗麦粒。它所拥有的勇气也是空前未有的：它能像老虎钳似的一口咬住蛆虫，也常单枪匹马地和一只蜘蛛作战。不久它就在蚁家之内名声大起，成了大家常常谈起的大力士。

小蚂蚁被这一切冲昏了头脑，便一心想到城市里去一显身手，到大地方去博得大力士的名声。有一天它爬上最大的干草车，坐在赶车人的身旁，像个战士一样进城去了。

小蚂蚁以为城里的人们会从四面八方赶来，事实上却不是！它发觉大家根本就不理会它，别人都忙着自己的事情。

怎么办？蚂蚁大力士找到一片树叶，它机灵地翻筋斗，敏捷地跳跃，可是没有人在意它。所以，当它尽其所能地耍过了自己的武艺，转过头一看大家的本事也都是很大的，自己的本事在这里根本就不起眼。

无奈啊！小蚂蚁最后只能乖乖地回了家。不过，回家之后它变聪明了很多，恍然大悟时方才知道自己的名声仅仅限于蚂蚁家族的范围而已，也懂得了"人外有人、天外有天"的道理。

其实，在生活中，也有许多像小蚂蚁这样的人，有点成绩就开始自命不凡，自以为很了不起，结果到了考试的时候，却一问三不知，就这样，他们还不知道赶快学习。

还有一些自大的人，知道自己的缺点却不知悔改。自大往往会拖我们的后腿，因此，我们千万不要因为一点点的成绩就自以为了不起，自大往往会让我们盲目而不知所措。

在同样的生活中，为什么有的青少年能够取得成功，有的人只能在原地踏步？引起这个现象的原因就有妄自尊大，妄自尊大是青少年前进的绊脚石。作为青少年一定要远离妄自尊大。

过度的自大只会使我们既慵懒又自命不凡。那么，青少年在生活中应怎么去克服狂妄自大的缺点呢？

青少年要克服妄自尊大，就要多虚心向别人学习。建议可以通过换位思考的方法，多站在别人的角度去考虑问题，多发现别人的优点，学习别人的长处，一点一滴地进步。

青少年要学会宽容，不要时刻都以为别人不对，要懂得认同别人。在生活中每个人都有他自己的智慧，要时刻多观察别人的长处，博采众长以让自己在生活中更快进步。

接受批评是根治自大的最佳办法。自大者的致命弱点是不愿意改变自己的态度或接受别人的观点，接受批评，即是针对这一特点提出的方法。

接受批评并不是要求我们完全服从于他人，只是要求我们能够接受别人的正确观点，通过接受别人的批评，改变过去固执己见、唯我独尊的形象。

要学会与人平等相处。自大者视自己为中心，无论在观念上还是行动上都无理地要求别人服从自己。平等相处就是要求自大者以一个普通社会成员的身份与别人平等交往。

青少年还要提高自我认识。要全面地认识自我，既要看到自己的优点和长处，又要看到自己的缺点和不足，不可一叶障目，不见泰山，抓住一点不放，未免失之偏颇。

认识自我不能孤立地去评价自我，应该放在社会中去考察自我，每个人生活在世上，都有自己的独到之处，都有他人所不及的地方，同时又有不如人的地方，与人比较不能总拿自己的长处去比别人的不足，把别人看得一无是处。

要以发展的眼光看待自负，既要看到自己的过去，又要看到自己的现在和将来，辉煌的过去可能标志着你过去是个英雄，但它并不代表着现在，更不预示着将来。

青少年在生活中要加强自我修养，充分认识到"妄自尊大"的危害，学会控制自我。去爱别人，去接纳别人的长处，积极地学习，树立崇高的信仰。

生活的海洋浩渺无垠，色彩斑斓。有时会令人愉悦欢快，振奋不已，有时却使人烦恼苦闷，难以自拔，有时又会让人恋恋不舍，真可谓酸、甜、苦、辣应有尽有。然而，要想很好地驾驭生活，成为自己命运的主宰者，就必须具有良好而健康的心理，而健康的心理来自于日常的心理保健与修养。

青少年应该懂得平凡，找准自身定位，正确把握自我。找准自身定位就是从真实的自我出发，客观地去认识、把握和评估自我，既要看到自己的优势和长处，同时也要认清自身的缺点和不足。

"人贵有自知之明"。作为青少年认清自我并非易事。一些人会看高了自己，妄自尊大而不自量力。要正确评价自我，对自己有清醒的认识，还要善于听取别人的意见，尤其是不同意见，可作为认清自我的良鉴，要知道有句话说得好："旁观者清，当局者迷"。

只有放远眼光，才能远离无知。盲目骄傲自满，妄自尊大，是青少年无知的表现和退步的开始。青少年应从一件件看似微不足道的小事做起，抛弃自大的缺点，默默进步，就会成就一番不平凡的未来。

二、目空一切：千万不能歧视别人

青少年作为介于儿童与成年人之间的一个特殊群体，存在许多独特的心理现象，其中歧视心理越来越不容小觑。

青少年歧视心理，是指某些青少年受一定的客观因素的影响，内心所产生的歧视集体中弱势同学的一种心理倾向，这种心理通常可表现为语言上的侮辱性和行为上的攻击性。侵害者以此去求得一时的心理满足，丝毫不考虑被侵害者的心理感受。

必须看到，青少年的歧视心理若疯长而得不到有效遏制，就有可能形成许多暴力性的校园问题，影响青少年的健康成长。

现在有相当一部分的青少年存在歧视心理，所以我们一定要注意。亲爱的朋友，我们来看一个小故事：

> 小佩是一个家境不错的女孩，学习可以，相貌也过得去。就是因为这样，许多家境好、学习好、相貌好的同学便成了小佩志同道合的好友。
>
> 小佩常常对班里所谓的"穷人"们视而不见，还常常借机羞辱他们一番。于是，班上有一部分人是小佩的好朋友，一部分人是她的"敌人"。
>
> 一天，她们班又转来了一名农村女孩。她身穿红衣服，绿裤子，一看就知道是一个乡下人。小佩和好朋友又开始策划怎样戏弄这个乡下人了。
>
> 下课了，小佩走到她的座位边上，故意把她的课本弄掉。她望了望小佩，说了一句不可思议的话："帮我捡起来。"
>
> 这回可把小佩弄急了，全班还没有一个敢对小佩说这么一句话呢！小佩本不想太过分，可她想：这是你自找的。这样想

着，小佩得意扬扬地念起了："绿配红，红配绿，配得哭，只有乡巴佬，才能配得出。"

可谁知，这个女生也是一个"厉害的角儿"，大声地念了起来："红配绿，绿配红，花儿色，只有花仙子，才能配得出。"

小佩这回可急了，大声叫了起来："你这农民，滚回你那山沟子里放牛去吧！"说完把这个女生的文具盒扔到了地上。

女生静静地望着小佩，小佩却突然不知该怎么办了。小佩努力地避开她那复杂的眼神，可脸却渐渐红起来了。女生冒出了一句话："我也有尊严。"

小佩听了，怔怔地望着她。

"也许你看不起我们这些'乡巴佬'，是因为我的穿着、相貌都不如你。你可以打扮得很美，很时尚，只是因为你幸运地生在一个条件好的家庭里。可是，除了这些外，我和你一样有思想，一样爱学习，一样有尊严，也应该得到尊重！"

这个女生一口气说完了这些话。此时，小佩觉得自己很渺小，想起自己以前对那些"乡巴佬"的嘲笑，她真感到后悔。

一个小佩看不起的人，教会了她如何尊重别人！在小佩嘲笑、伤害别人的自尊时，她自己的尊严也变得很小很小。从此，小佩再也不会瞧不起同学了，因为她不想失去自己的尊严。

原本应该用美好、纯真等词来形容的花季校园里，有时候也会藏着若有若无的歧视。有的同学甚至会因为遭受歧视，自尊心受到损害，自信心受到打击，因而失去对学习、对校园生活的兴趣，引发厌学，逃学等现象。

日渐蔓延的校园歧视，是花季校园里的冷暴力。在校园里，关于长相、名字的歧视是最普遍的。尤其是在学生心智发展尚不健全，体恤他人感受和自我承受能力都相对薄弱的中小学校园里，这种不经意间的歧视悄悄成为对孩子们最早的伤害。据调查，一多半的中小学生都有过因为长相、名字被起外号的经历，而其中相当多数人感觉受到了伤害，对此充满反感。

一位叫朱波的女生说，因为被同学叫"猪婆"，原本成绩优秀、喜欢校园生活的她一度对上学产生了恐惧心理，一到学校见到同学心里就发麻，就打鼓。

老师上课提问叫到她名字时，也常常会感觉同学们都在笑她。甚至升入高中后，仍然会害怕向人介绍自己的名字。尤其是向陌生人介绍自己的名字后，对方的任何一点细微举动都会使她怀疑对方是不是在嘲笑自己的名字。

我们不能说这些带有侮辱性的称呼是孩子天生的恶意。这可能只是一种新奇感的体现，是还不懂得关爱别人的青少年恶作剧心理的体现。

尤其是在中小学阶段，因为年龄较小、好奇心较重、又不懂得体恤他人感受，常常出于恶作剧心理而给其他同学起外号；但是另一方面，恰恰是因为这个阶段的孩子年龄较小、心智发展不成熟，心理承受能力也较差，还不能正确处理和应对，也就更难以承受其中某些带有羞辱色彩的称呼。一个前者看来寻常的玩笑，也许就演变为对后者来说难以释怀的创伤。

对于中小学生来说，集体生活是消解矛盾的最好容器，在集体活动中，通过同学间的友爱互助，可以把很多小的摩擦消除在萌芽状态。而反过来，如果遭到同学孤立和排斥，缺乏集体关爱，则可能会导致学生心理逆反，抵触甚至仇恨校园生活。

亲爱的青少年朋友，如果你现在正在受到别人的歧视，不妨看这下面这片绿叶的自述：

我是一片绿叶，但请不要瞧不起我。

那花园里有骄纵的玫瑰、富贵的牡丹、高傲的紫罗兰。她们靠着那美丽的面孔傲然挺立，瞧不起衬托她们的绿叶，说绿叶只是她们的附属品。

别骄傲，任何美丽的花，离开了绿叶，只是那光秃秃的一朵，一个名不副实的光杆司令，有什么好看的，离开绿叶，甚至根本就不能生存。

虽然绿叶不好看，但那苍翠的绿色无时无刻不在散发着清新的香味，使人的疲倦一扫而光，越看越有自然的气息，它孜孜不倦地迸发着生命的活力。

那叶面上颗颗滚动的露珠，晶莹剔透，映出叶面上的纹理，是那么清晰。让人感到叶片比那些骄纵的花儿更美丽。而说花离开了叶就不能存活，的确是真的，因为叶供给植株水分和养分，使花开得如此鲜艳美丽。

正如在社会中不能缺少鲜花，但更不能缺少绿叶，因为绿叶一样的人在默默贡献着自己的力量，让那些"鲜花"吃喝玩乐。

清洁工这份工作很卑微，风里来雨里去，晴天一身灰，雨天一身泥。但是，没有清洁工不辞辛苦的打扫，我们又如何能拥有这样干净、舒适的生活环境呢？

整天扛着扫把，是很不好看，可那些生活优越的人在嘲笑他们时，也不想想，没有他们，整天生活在尘土飞扬的世界中，你们能受得了吗？因此，赠与她们"城市美容师"的称号完全是应该的。

我只是一片树叶，但谨此警告那些所谓的红花，别瞧不起我，只因为我是一片绿叶。

请别瞧不起我，只因为我是一片绿叶。说得太好了！无论你现在是红花，还是绿叶，看到这个自述，相信都会有新的感受吧！

每个人的身上都有值得你去学习的地方，哪怕他们连书都没读过。一个真正成功的人，决不会看不起任何人。

想得到别人的尊重，想让别人看得起你，首先你要尊重别人，看得起人。并不是每一个人生下来就是富豪之子，就是权势贵族，地球这么大，有些事情总要有人来做。所以不要看不起别人。

世界上没有绝对完美的东西，任何美好的东西也都受到时间的制约。美好如真理，那也是受着时间和地域的制约，真理需要不断的追求，而不可能追求一次就可以永恒。任何完美的东西都有瑕疵，只是把瑕疵降到最微小的程度，才看起来完美。

当时间顺流而下，当世界斗转星移，当万物兴衰在不断的更迭中，没有一个人是永远的赢家，也没有一个人是永远的失败者。

学会不轻视别人，也就是在学会尊重自己，学会以平等的心态去看人生。有句话叫"投我以木桃，报之以美玉"，意思是说别人送我木桃，我便用美玉作为回报。

所以，当你对别人表示尊重的时候，也必然能够得到别人的尊重；而你歧视别人，别人也不会善待你。所谓礼尚往来，在人类的社会中，你付出一分便会有一分的回报，不会多不会少，总有一天一定都会实现。

人外有人，天外有天。目中无人，不等于真的没有人，只能让你失去人。如果你常常目中无人，凡事以自己为中心，总认为自己是群体之中最杰出的人物，瞧不起"我"之外的所有人。那么你将会失去很多亲人和朋友，永远活在自我的世界里，因为没有人会愿意跟你一起"生活"的。

青少年朋友们，让我们从现在开始，学会平等待人，学会理解和尊重别人吧！

三、过度虚荣：死要面子活受罪

人们常说"人为一口气，佛为一炷香"。这就是要面子。面子既不能不要，也不能都要。我们一定要对这个问题有一个正确的认识。否则，有时候自己要了面子，而实际上往往是丢了面子，丢了面子是小事，但是为了面子而活受罪实在是不划算的。

面子问题，说到底其实就是虚荣心的问题。在生活中，很多青少年都具有虚荣心，虚荣心理的产生往往是那些缺乏自信、自卑感强烈的人进行自我心理调适的一种结果。

缺乏自信的人，为了缓解或摆脱内心存在的自惭形秽的焦虑和压力，就会通过外在的荣耀来弥补自己的不足，缩小自己与别人的差距，从而赢得尊重。虚荣心便由此产生了。

朋友，让我们来看一个关于虚荣心的故事吧：

姐姐的公司有一个员工小王。他常在同事面前炫耀家里多么有钱，住的什么别墅、开的什么跑车，牛吹得是满天飞，也没几个人喜欢他。

某日一对夫妇来看他，拎了不少东西，守门的保安，上下打量他们一番，除了着装有点土气之外，看着倒是老实本分。

小王接到电话急匆匆地下楼接他们，保安原以为他会带这对夫妇去吃个饭，谁知小王拼命把他们往外推，让他们走。正值午餐时间，同事正好也下班了，问小王他们是谁，小王说是他的远房亲戚……

过了一天，这对夫妇又来找他了，来道个别。说话时眼里含着泪光。此时，老板正好经过，脱口就是一句："你爸妈这么大老远地来看你，你就不能带他们去吃顿饭啊！"

好事不出门，坏事传千里。公司里七嘴八舌的就传开了。后来大家从老板口中得知，小王是乡下来的孩子，是老板的老乡。很早就出来打工，刚来城里时还算老实，做事认真，可不久染上了一些不良习气。后来经熟人介绍，来南京跟着老板做事，他倒也学乖了，不再干偷鸡摸狗的事了。

不过，小王却以自己的出身为耻，经常吹嘘自己家里多么的有钱。他好几年没回家过年了，他爸妈想他了，千里迢迢坐火车来看他，得到的却是儿子把他们往外推，称他们是远房亲戚。实在可悲啊！

虚荣，某种程度上也是一种自卑的表现，越是自己没有的，越是怕别人说自己没有。就像故事中的那个小王，因为虚荣心，伤害的不仅是自己，更是自己的父母。这样的虚荣心要不得！

其实，自己是农村里来的又能怎样呢？！城里人三代以前很多都是农村的，靠着一步步打拼才有今天的生活！把自己吹得飞上了天，别人又有几个信你呢？谁又会因此更加尊重你呢？

再者，初出社会的青少年们，吃爸妈的、住爸妈的，有什么资本去爱慕虚荣？丢了善良的本性不说，还惹了一身闲话。编织一个谎言，就不得不再用下一个谎言去掩饰上一个谎言。

做不了有家庭背景的人，那就做淳朴的平凡人，没人会看不起有上进心的人。演员王宝强红了，因为他是有钱有权人么？做本色的自己就好，何苦打肿脸充胖子？不想让别人知道家里面的事，干脆闭口不谈，又何必谎称?

从心理学的角度来讲，虚荣心是自尊心的过分表现，人往往由于极度自卑而变得极度爱慕虚荣。在虚荣心的驱使下，往往只追求面子上的好看，不顾现实的条件，最后造成危害。

在强烈的虚荣心支使下，人有时会产生可怕的动机，带来非常严重的后果。因此，虚荣心是要不得的，青少年应当克服虚荣的心理。

通常情况下，虚荣心的产生和人的某些心理需要有关。一旦人的某些需要无法得到满足，就会通过不适当的手段来获得满足。在条件不具备的情况下，想达到自尊心的满足，就会产生虚荣心。比如，有些人家里贫穷，就吹嘘自己家里多么富裕；有些人明明办不到某件事情，却吹嘘自己有很大能耐。这其实是一种不自信的表现。

一个充满自信的人不会因为贫穷而感到羞耻，一个充满自信的人不会因为有力所不能及的事情而感到难堪，一个充满自信的人也不会因为别人一句批评的话而受不了。

相反，有自信的人会发愤努力，提高自己，锻炼自己，增强自己的能力，会认真地分析别人对自己的评论，有则改之，无则加勉。任何人都是一步一步变得强大起来的，没有人天生就是天才，也没有人天生就不犯任何错误，况且犯错误也不能证明自己就是什么都不行，都不如别人。

一个充满自信的人会充分意识到自身的不足，并且能够正确看待自身的不足和差距，并且力求弥补自己的不足。在这种时候，这样的人决不会受不了一句批评，相反，对批评他是真诚欢迎的，哪怕是来自对手的批评。

有虚荣心理的人，多存在自卑和心虚等深层次心理缺陷，它伴随群体差异而生，表现为攀比、嫉妒，因害怕所以时常活在恐慌中。

在人们的潜意识里，总认为别人的比自己的好，自己比不上别人。这也是人的本性。虚荣对人的危害极大，长此以往，会造成青少年的心理扭曲。其实，无论是伟人还是普通人，我们都生活在共同的世界上，每个人都有属于自己的优势和长处，而没有谁优谁劣，谁好谁坏之分。

我们的心理过程、心理潜力大致都是一样的，有些人能成为音乐家、画家、科学家等大师级人物，这是因为每个人的智力取向不同，机遇与自身努力不同，即使不成为什么家，一个人某方面的智力也可能会有独特于别人的优势。

青少年朋友，如果你能正视自身的不足，保持自信，付诸行动去改变自己的不足，并且善于发现自身的长处，扬长避短，你就同样可以很优秀。大可不必为了掩饰自己的某些不足而自吹自擂，给自己穿上虚荣的外衣。

朋友，如果你正在遭遇面子问题的困扰，不妨看看以下这些矫正方法吧：

一是要悦纳自己。人生最大的悲剧莫过于自己不能接受自己。由于不接受自己，我们往往把自尊心和人生价值建立在两个错误之上：他人的缺点以及他人的肯定。

当得到他人的肯定时，才会发现自己的优点，当失去他人的肯定时，就觉得自己毫无用处，这是错误的。而悦纳自己意味着把自己的尊严和价值建立在自身的优点之上，这是一种自我肯定。

二是要客观认识自己。我们要对自己的优点和缺点有一个客观的认识，既不要过高地估计自己，也不要无视自己的短处。优点并不一定是自己比别人好的地方，缺点也不一定是自己不如别人的地方。

并且，优点和缺点往往是相辅相成的，没有绝对的优点和缺点。如果我们能客观地认识自己，即使自己不如他人，或者被人轻视，也能自我调整，获得心理平衡，不至于用虚荣或逃避的方式来保护自尊。

三是要正确地对待社会差别。社会有等级性，我们学生也有等级观念。平等相待、互相尊重是我们的理想，但轻视弱者、尊重强者是客观存在的现象。一个贫贱的家庭背景有时确实会遭到他人的轻视，如果在乎这种轻视，他人可能会更加轻视我们。

相反，如果不计较，也就少了几分烦恼，就不会做出伤害自己亲人或自己的事情。

四是要把握攀比度。人是生活在比较之中的，要完全摆脱比较是不现实的。但过分比较往往是虚荣的起点，如，比穿、比用、比分数、比荣誉、比父母、比亲戚、比外表、比体力、比能力等，不管什么内容，比过了头，就可能走火入魔，变成追求虚名。

最后，就是要加强自身修养，不追求虚幻的满足。大到老谋深算的谎言，小到学校里的考试作弊，虚荣的背后是修养和情操问题。

青少年朋友，良好的内心修养和高尚的道德情操是遏制虚荣的磐石。有了这块磐石，我们就有了底气，就能够托起父母亲的尊严——不管他们是贫是富、是卑是尊。

四、不要自夸：自吹自擂害死人

时下，不少人感叹爱吹牛、爱自夸的年轻人越来越多，至于吹牛的内容，经济收入、家庭背景、学识等无所不有。一份调查显示，62.9%的受访者认为当下爱吹牛的风气在年轻人中盛行，40.6%的人明确表示"反感"爱吹牛的人。

自夸是一种肤浅。自夸的人生怕别人不知道他的一点成绩，于是有一点小成绩就呱呱叫起来。之所以呱呱叫，是因为自己分量不够，只有叫起来才会让人知道。

自夸是一种无知。要知道，山外有山，天外有天。说自己如何伟大，其实是不知别人伟大。自夸往往只会引起别人的厌烦，而不可能真正得到别人的尊重。

自夸的人总是激情有余、理性不足，往往自己有一分的本事，却当做十分来估计和运用。自夸的人总是过高看待自己，即使在铁的事实面前，他们也总会找到狂妄的理由。

青少年朋友，我们要明白，没有本事的人往往就是自夸的人了，因此，我们在平时说话也不要自夸，要低调一点。

我们来看一个小故事吧：

> 小时候，成成特别爱吹牛。例如：牛顿是他徒弟，爱因斯坦是他大哥。就这样一天到晚嘴里不停地吹着。很快，同学们送他一个外号——"喷壶"。
>
> 吹起牛来，能够达到"喷壶"的级别，足见成成吹牛本领之高超。那时成成认为这是大家在夸赞他，更加吹得不知东南西北了，但有件事却令成成改变了做法。
>
> 那是一个星期天的下午，成成写完作业，便看起了篮球比

赛，看了一会儿成成便走神了，开始想起明天到学校怎么吹牛才对得起他"喷壶"这个称号。想啊想啊，突然看见姚明一个灌篮，成成顿时狂喜，喜的不是姚明为国家争分，而是他又有了一个新的吹牛计划。

好不容易挨到第二天，成成早早地起床，匆匆地吃饭，麻利地拿起书包向学校冲去。

到了学校成成便和同学们瞎吹他昨天已经想好的"台词"。可没一个人理他，他不甘心自己的"杰作"就这样不被人理睬，便走到一个同学面前说："姚——"，刚说了一个字，后面的还没有"喷"出来，那位同学便说："别说这个了好吗？放学后我请你吃糖。"

成成只好没趣地走开了！

到了下午，成成鬼使神差地又和那位同学吹了起来，刚说到一半，那位同学便歇斯底里地咆哮起来："够了！你以为'喷壶'这个称号是好的吗？是对你的赞美吗？错！你大错特错了！那是对你的嘲弄，你竟然不以为耻，反以为荣！"

成成当时一下子就愣住了，一句话也说不上来，只觉得有股说不清的滋味涌上心头。这件事对成成的触动很大，成成深深地记住了那一幕，记住了那位同学的咆哮。

一连几天，成成好好地反思了自己，终于悟出了"喷壶"这称号的含义。成成决定，不能再让自己的唾沫飞到别人脸上了。

第二天，成成向大家宣布了一则令人吃惊的消息：他以后再也不吹牛了，并为他以往的表现表达深深的歉意。至于那位曾经被他激怒的同学，现在成了他的好朋友。

结局还算完美吧！

吹牛吹到被人咆哮，也算是"本事"了！不过，这里还是要提醒青少年朋友，千万别学这位同学，连朋友都会烦啊！而且，这位同学不是自己也改过自新了吗？

喜欢吹牛其实是一种无知的表现。有一种说法是"一瓶子不满，半瓶子咣当"。

有"一瓶子"的人，水平很高，却认为自己还不满，因而很是谦虚，永不满足，认为这个世界大得很，所以自己很谦卑。他们永不停止地学习、看书、看报，订阅各种资料，参加各类培训，听各种报告，与人闲谈洗耳恭听，礼谦如同小学生。

而"半瓶子咣当"的人，他们总是喜欢喋喋不休，好为人师。他们自我感觉良好，从来都不服谁。典型症状是其言必称："我在某某的时候如何如何，某某我认识，我与某某怎样怎样……"

一瓶子的人，以身作则，默默地影响他人，而不会主动施教于别人。

半瓶子的人，经常口吐莲花、气吞山河，大有舍我其谁的架势。半瓶子咣当的人往往一脸的虚荣，骨子里都是虚荣，他活着完全是为了向别人炫耀。

经常炫耀某方面的人，往往是在这个方面最缺乏的。他说自己怎么样，实际上，他肯定不怎么样。至少他对自己这方面并不自信。"炫耀点"，往往就是自己的"缺乏点"。

喜欢吹牛自夸的人是很浅薄无知的，这样的人往往性格偏激，经不起大风大浪，愤世嫉俗是他们受到打击挫折后的第一表现。把一切责任都推给社会、他人，而把自己供奉成为完美的神像，总是抱有一种夜郎自大、妄自为尊的心态，殊不知自己在别人心目中是多么的无知。

还有一些平庸之辈，满足于一知半解，满足于点滴成绩，他们用富丽堂皇的话装饰自己，以讨得廉价的喝彩，这有什么意义呢？只会让别人觉得这些人浅薄无知。

一位哲学家说过：自夸是明智者所避免的，却是愚蠢者所追求的。真正的明智者之所以不会自吹自擂，因为他知道宇宙广大、学海无涯、技艺无穷，终其一生也不能洞悉其中的全部奥秘。

喜欢吹牛的人是最没有本事的人，作为青少年要清楚地认识到这一点，即使自己真的在某些方面做得好，也不要自夸，因为比你做得好的人有很多。

吹牛有时还会成为我们前进道路上的障碍。因为喜欢自夸的人总是满足于自己已有的成绩，以为自己很聪明，产生这种心理后，就失去了继续求知或工作的动力，从而变得骄傲自大，不思进取，这样一来，就很难再进步，很难再突破自我。

有的时候，吹牛甚至会成为可怕的灾难。美国海军陆战队中士巴德华就是因为四处吹嘘自己编造的英雄事迹，受到了军事法庭审判。

巴德华来自洛杉矶，他曾佩戴伪造勋章参加了33项活动，吹嘘自己在阿富汗英勇战斗的事迹，而这些事迹根本都"子虚乌有"。此外，他还谎称自己患有创伤后压迫紊乱症，企图凭此骗取前往美国全国海军医疗中心的疗养机会。

在任何国家历史上，战士总是光荣的，如果你说你曾英勇战斗，人们确实会对你刮目相看。但往往，真正的好汉是不会总提当年勇的。只有像巴德华这样喜欢吹牛的家伙，才会到处卖弄自己的"英雄历史"，结果把自己"吹"进了监狱，真是可悲的家伙啊！

吹牛是一个人一定要除掉的恶习，自夸对人有百害而无一利。一般爱自夸的青少年大多数是表现在独生子女或是家庭条件较好的孩子身上。吹牛不但会给青少年造成负面影响，还会影响自己的生活、学习和人际交往及心理健康。

爱自夸的人根本不把别人的话当话，只会自己吹牛、侃大山，极尽所能地表露自己，好像只有他才能救世界、救人类。这种人根本就不会交朋友，更不会有朋友。

"面子是别人给的，脸是自己丢的"，只会毫无分寸地自吹自擂，这其实是一种很愚蠢的表现。

吹牛的害处这么多，为什么还是有那么多人喜欢吹牛和自夸呢？究竟吹牛背后隐藏着怎样的动机呢？专家认为，爱吹牛有些是出于心理原因，有些则是病理表现。

无论何种原因的吹牛，大多容易影响心理健康及人际关系。

一方面，惯于吹牛让真实的自我越来越小，虚假的自我越来越大，从而极少关注现实问题的解决，因此难以成功。

另一方面，吹牛或许可以获得他人暂时的尊重，但一旦牛皮被戳破，对方就会认为你在愚弄他们，从而使你失信于人。

那么，我们青少年应该如何摆脱吹牛的毛病呢？

首先，青少年要善于接受批评。喜欢自夸的青少年最不愿意改变自己的态度或接受别人的意见了，爱自夸的青少年做事时可以征求一下其他人的意见和看法，这样通过别人的友好提醒，就容易改变自己不好的心理。

其次，喜欢自夸的青少年要提醒自己，用一颗谦虚的心与别人建立友好的人际关系，这是你个人自觉成长的开始。所谓"谦受益，满招损"，你可以有豪气万丈，但绝不能自夸。就算你有超人的才识，也要虚怀若谷。

再次，青少年要全面地认识到自己的优点和缺点，不要总拿自己的优点和别人的缺点相比较。在这个世界上每个人都有自己的优势和不如别人的地方。所以，青少年要正视自己的优点和不足。

最后，我们要做到心中有他人。喜欢自夸的青少年总觉得自己是最优秀的，这是自恋的表现。要想彻底地克服这种不好的心理，必须要做到心中有他人、处处为别人着想，还要取他人所长补自己之短，不断地充实、完善自己。

改变爱吹牛的习惯需要长期的努力，爱吹牛的人要从自己擅长的小事做起，提高认清自我的能力。另外，这些人还可以把自己目前拥有的一切列举出来，这也有助于回归现实。

作为青少年，要充分认识到自夸的危害，摆脱自夸，不要让自夸拉开了诚实的距离，不要让自夸拉开了你与同学的关系，更不要让自夸影响你的健康成长。

青少年朋友们，让我们一起努力吧！

五、认清自我：骄傲是无知的产物

所有骄傲的人都认为自己有学识、有能力、有功劳；而谦逊的人却总是习惯认为自己还差得很远。骄傲者也许真的有其骄傲的资本，而谦虚者真的差得很远吗？

骄傲的真正原因并非饱学，而是因为无知。同样，谦虚的真正原因也不是无知，恰恰相反，谦虚的人绝不会比别人差。谦虚与骄傲的原因在于一个人的总体修养如何，而不在于是否读了多少书、做了多少事。

骄傲心理在我们青少年朋友中极为常见，许多同学往往因为一次不错的成绩就自负起来，甚至无限扩大自己的成绩，认为自己永远是天下第一。

当然，豪气冲天并非什么大问题，但如果从此陷入自负状态，不可自拔，那就是心理出问题了。

朋友，我们来看一个小故事吧：

自从小民的一篇文章在报纸上发表后，小民变得骄傲极了！好像自己就是一个小作家了，可是在寒假里发生的一件事让他不再骄傲了。

大年三十，小民和妈妈一起去外婆家过年。一进门，小民就拿着报纸自高自大地读给外公外婆听，外婆乐得合不拢嘴，可外公看了看骄傲的他，却皱起了眉头，对他说："小民，可不能太骄傲了。"

可小民却把外公的话当成了耳边风，依然在人前王婆卖瓜自卖自夸。

过了几天，外公好像看透了小民的心思，把全家叫来开了一个会议，主题居然是"我不再骄傲了"，小民喝着奶茶，看着身旁的外公，不耐烦地说："主题有了，主人公是谁？"

外公严肃地说："就是你。"

"唉，我怎么了？"小民瞥了外公一眼。

外公朝外婆点点头，向外婆做了个手势，只见外婆快步上楼，不一会儿就拎着一大袋报纸和杂志下来了，小民看了看，心想：外公以前真不愧是个小学老师，还藏着这么多破玩意儿。

只见外公双手捧着那个袋子，认真地说："你才发表了一篇文章就得意成这模样，你看看，我发表了多少篇文章？"

越翻小民越惊讶，他眼睛瞪得像两只乒乓球那么大。在一旁的妈妈拿起其中的一张报纸，笑眯眯地对小民说："你看，当初我的一篇文章和外公的文章还发表在同一张报纸上呢！"

外公也语重心长地说："小民啊，你已是中学生了，应该知道学无止境吧，这知识就像大海里的水，天空中的云一样，无穷无尽。你这才发表了一篇文章，以后的路还长着呢……"

小民若有所思地点点头，心中暗想：外公说得对，学无止境，以后我再也不骄傲了！

骄傲心理其实与我们无知确实是密切相关的，就像故事中的小民同学，在报纸上发表了一篇文章，就感觉自己是作家了，翘起了尾巴，真是可笑！

人最大最难得的优点是谦卑，而最大最可怕的缺点是骄傲。一个心灵健全的人不仅深信这个道理，而且能做到不骄傲，心存谦卑。我们必须承认，人是一个容易骄傲的动物，人一旦在某一方面取得一些优势，心灵中就会立刻滋生出骄傲来。

有些人长得好看，拥有生理方面的优势，他在众人面前就会彰显他的相貌，让人羡慕他；有些人赚得大量钱财，拥有财富方面的优势，他可能会以各种方式夸耀和表现他的富有，让人觉得他很有能耐，能占有比别人更多的钱财。有的人掌握着一定的权势，是某个单位的领导，就很可能觉得自己高人一等，是领头羊，没有他，别人就不能有所成就；有的人拥有比一般人更丰富的知识，拥有某个学术的头衔，他可能觉得自己已经拥有了诠释真理的能力，觉得自己有一个聪明的头脑，别人都愚昧无知，应当听从于他；有些人自认为自己品行高尚，能为别人当灵魂的导师，好教育别人，甚至因此看不起别人。

有优势，必骄傲，这似乎成了许多青少年朋友的习惯。然而，必须承认这是一个很坏的习惯。因为这些人只把目光注视在了自己的优势上，而忽略了自己的短处。事实上，真正的聪明人是不会骄傲的，比如西方伟大的哲学家苏格拉底。

苏格拉底是古希腊哲学家中最受人尊敬的一位，他不仅学识渊博，而且非常善于辨析，当时能够提出的任何问题，只要到了他的手里，没有不迎刃而解的。

但是他非常谦虚，从来不以权威自居，总是对人循循善诱，让对方自己得出正确的结论。由于博学而谦逊，苏格拉底被公认为是最聪明的人，但是苏格拉底却一点也不这样认为。

他说："不可能！我唯一知道的事情是我一无所知。"

众人仍异口同声地称赞他是天下最聪明的人，并建议他到山上的神庙去占卜，看看天神的意见如何。于是苏格拉底来到神庙去占卜，占卜的结果明白无误：他确实是天下最聪明的人。

面对神谕，苏格拉底无话可说了，但是口里仍然喃喃自语："我唯一知道的事情是我一无所知。"

不仅苏格拉底是这样，牛顿与爱因斯坦等科学大师也是这样。他们在登上了科学的巅峰之后，仍然对大自然充满了敬畏之念，他们不仅具有容人的风度和接受批评的雅量，在对人的态度上也更加谦逊。

其实人世间博学多才的人，都懂得以谦卑的态度待人。只有非常无知的人才会态度傲慢、狂妄自大，藐视别人更是一种狂傲无知的表现。在现实生活中也不乏这方面的例子。

据说19世纪的法国名画家贝罗尼有一次到瑞士去度假，每天仍然背着画架到各地去写生。

有一天他在日内瓦湖边正用心画画，旁边来了三位英国女游客，看了他的画之后，就在一旁指手画脚地批评起来，一个说这儿不好，一个说那儿不好，贝罗尼都一一修改过来，最后还跟她们说了声"谢谢！"

第二天，贝罗尼有事到另一个地方去，在车站又看到了昨天的那三位妇女，正在交头接耳地讨论些什么。

过了一会儿，那三个英国妇女也看到他了，就向他走过来，问他："先生，我们听说大画家贝罗尼正在这儿度假，所以特地来拜访他。请问你知不知道他现在在什么地方？"

贝罗尼朝她们微微弯腰，回答说："不敢当，我就是贝罗尼。"三位英国妇女听后大吃一惊，回想起昨天的不礼貌，一个个红着脸跑掉了。

列夫·托尔斯泰曾经有一个巧妙的比喻，用来说明骄傲的原因。他说：一个人对自己的评价像分母，他的实际才能像分子，自我评价越高，实际能力就越低。朋友们啊！骄傲是人生的大敌，它会使心灵变得盲目，变得无知，变得荒谬不堪。所以，一个健全的心灵不仅不会表现出傲慢，而且会时时提防自己的心灵滋生傲慢。

我们称那些傲慢的人是不知天高地厚，正是指他们不知道自我生命的有限与宇宙万物的无限。若是从这个角度讲，我们可以认为傲慢是出于无知，并且将人引向了更大的无知。

人一旦变得无知，便容易产生错觉。傲慢有时正是对自我认识的一种错觉。傲慢不仅夸大了自我，膨胀了自我，而且歪曲了自我，使自己变得不真实。一个不真实的自我，使自己变得极不真实。

一个不真实的自我正是一个不健康的自我。自我的不健康状态不一定危害他人，但由傲慢造成的心理问题却一定会危害他人。

六、骄兵必败：自满是人生的绊脚石

青少年朋友，一个骄傲自满的人，总会因自满毁掉了自己。盲人是真的看不见，而自满的人是不屑于看，拒绝看。自以为是的结果，只能是被石头绊倒。很多青少年总是自以为自己出类拔萃，当发现自己被人认为毫不出众时，便惊讶不已。高估自己的人一定会低估他人，而低估他人者又会压迫他人。最不了解自己的人，总认为自己最了不起。所以我们要切记，愚蠢的人，才会盲目自大。

青少年朋友，不要在你智慧中夹杂傲慢。永远不要有这个念头，即认为自己有多么厉害。虚心使人进步，骄傲使人落后。请记住这句话并认真在实践中应用，你将获益终生。

现在，让我们来看一个小故事：

一年以前，小娴还是一个骄傲自大的孩子，仗着自己天资聪颖，上课时总是不专心听讲，还自以为自己很了不起，老师讲的内容小娴都能理解并且记下来，对待同学更是嚣张极了，从来看不起学习成绩较差的同学，更因为自己是班长而不可一世。

而那次重新竞选班委，则让小娴不再骄傲自大，有了十分明显的改变……

那是一个美丽的黄昏。同学们已经投好选票，老师正紧张地统计着结果。现场气氛紧张而又严肃，但小娴却是成竹在胸：这次的班长一定还是我的，担心些什么呢？小娴的嘴角不由得慢慢向上扬。激动人心的那一刻到来了，老师站在讲台上宣布："这次班长的竞选结果是李小光当选！"

听到这句话，小娴仿佛被一盆冷水从头顶浇灌而下，心凉了。但她只想知道，为什么会这样呢？为什么他可以当选而我却不可以呢？

老师仿佛看出了小娴的不满，便让大家一起来为小娴提意见。一听说这个消息，大家七嘴八舌地讨论起来：

"她十分自满！"

"她总是趾高气扬，真让人受不了啊！"

"她还因为某些人学习不好，从来都看不起他们。"

"她太骄傲了，我们受不了她的嚣张！"

……

听到这些话，小娴惊得目瞪口呆：原来，她居然有这么多的缺点，真是没有想到，同学们对她居然有如此多的不满，她原来这么差劲儿……想着想着，小娴不由得惭愧地低下了头，脸涨得通红。老师见小娴知错了，便走了过来，语重心长地对小娴说："谦虚使人进步，骄傲使人落后，你如此骄傲，怎能有所进步呢？作为一个班长，应该团结同学，帮助同学，你这样骄傲自满，又如何能够做好班长呢？"

听到老师这么说，她的脸更红了，恨不得有个地缝能钻进去。"我错了，老师……"

"知错能改，善莫大焉。如果你能从现在开始改正的话，那么你还是大家眼中的好孩子，还是有机会的，老师相信你，不要辜负老师的期望哦，加油！"

从此，小娴便懂得了，做人应该踏踏实实，待人应该态度谦恭，切莫骄傲自满，否则后果不堪设想。

骄傲是一剂毒药，往往让成功与我们失之交臂，到那时悔之晚矣。就像故事中的小主人公那样，因为骄傲自满，导致失去了同学们的支持。谦虚使人有所成就，赢得别人的称颂，而骄傲自满却让人不思进取，导致不良的后果。这充分说明，虚心是取得成就的第一步。骄傲自满的后果只会让人停滞不前，失去前进的动力，骄傲自满的人觉得自己什么都懂，不需要再学习，更谈不上努力。因此，骄傲自满者，难成大事。

　　一个人如果总是喜欢表现自己，处处争胜，就会给他人以压迫感，会被他人视为"侵犯"而引起反弹的力量。相反，如果你在人群中经常保持谦让的态度，尊重他人的利益，满足他人"自我舒张"的需要，你也就因此而得到周围人们的拥护与爱戴，从而获得支配他人的力量。

　　一个人若是骄慢，便会受到人们的排挤。因为自我骄慢的人，处处想与人一较高低，就会产生排除别人的心理，表现在日常的行为上，当然也会成为别人所排挤的对象。

　　对于青少年来说，最容易产生骄傲自满的心理，如考试又进步了，又被老师表扬了等。面对这样的情况，青少年大多喜欢吹嘘自己，而从来不会反省自己哪里做得还不够好。

　　为什么有些人取得那么大的成就却从不吹嘘，不骄傲，而有些人取得一些微不足道的成功便沾沾自喜呢？究其原因，还是因为骄傲的人没有摆正自己的位置。

　　青少年朋友，大家想过没有？人类在宇宙中，是非常脆弱和渺小的，我们的生命多数都活不过百年，这在历史的长河中只是一刹那，而我们的生存，连空气、水和阳光这些基本的条件都离不开。

　　在飞行上，人比不上一只小鸟。

　　在水里，我们生存力比不过一条小鱼。

　　在力气上，我们比不过虎、狼、狮子。

　　在高度上，我们长不过一棵树。

　　就在我们最为在乎的寿命上，我们还不如乌龟。

我们在诸多的领域都有着太多的无奈，细细地想一想，我们有什么值得骄傲呢？取得成绩，应当引以自豪，但成绩只能说明过去，不能说明未来。再说，一个人的成长，有许多客观因素，这里面有老师的培养、同学的帮助、父母的养育，还有许多默默无闻为我们服务的人们，我们不能把账都记在自己的功劳簿上。成功的奖章上也有他们的汗水。离开他们，我们也寸步难行。

　　世界女子乒乓球冠军邓亚萍说过一句话："一切从零开始，永远从零开始。"如果没有这样的精神，她怎么可能一次又一次的取得冠军呢？鸟儿系上铅块，飞不起来。骄傲就好比鸟儿腿上的铅块。骄傲是人生路上的一个红灯。我们对此决不可掉以轻心。

　　美国总统富兰·克林说："我们的各种习气中再没有一种像克服骄傲那么难的了。虽极力藏匿它，克服它，消灭它，但无论如何，它在不知不觉之间，仍旧显露。"可见克服骄傲心理是件长期的任务。人，最重要的事是认识自己。

　　亲爱的朋友，昨天所取的成功已是过去了，而今天的我们应该更加去努力，而不是依旧沉迷在昨天胜利的喜悦中。不要让骄傲这块绊脚石绊倒我们，我们应该努力地向更远的前方前进！

七、低调做人：别把自己太当回事

　　现实生活中，每个人都有自尊自爱之心，希望被别人看得起，在别人眼里举足轻重，有一定的分量和地位。然而，很多时候，人们会因为太看重自己，背上沉重的思想包袱。

　　天地之大，人海茫茫，光阴似箭，时世更迭。放眼滚滚红尘，每个人只不过是其中极其普通而平凡的一粒尘埃，来也平淡、去也平淡的历史长河中一匆匆过客而已。

布思·塔金顿是美国著名小说家和剧作家，他的作品《伟大的安伯森斯》和《爱丽丝·亚当斯》均获得普利策奖。在塔金顿声名最鼎盛时期，他在多种场合讲述过这样一个故事：

那是在一个红十字会举办的艺术家作品展览会上，我作为特邀的贵宾参加了展览会，其间，有两个可爱的十六七岁小女孩来到我面前，虔诚地向我索要签名。

"我没带自来水笔，用铅笔可以吗？"我其实知道她们不会拒绝，我只是想表现一下一个著名作家谦和地对待普通读者的大家风范。

"当然可以。"小女孩们果然爽快地答应了，我看得出她们很兴奋，当然她们的兴奋也使我倍感欣慰。

一个女孩将她的非常精致的笔记本递给我，我取出铅笔，潇洒自如地写上了几句鼓励的话语，并签上我的名字。这个女孩看过我的签名后，眉头却皱了起来，她仔细看了看我，问道："你不是罗伯特·查波斯啊？"

"不是，"我非常自负地告诉她，"我是布思·塔金顿，《爱丽丝·亚当斯》的作者，两次普利策奖获得者。"

小女孩将头转向另外一个女孩，耸耸肩说道："玛丽，把你的橡皮借我用用。"那一刻，我所有的自负和骄傲瞬间化为泡影，从此以后，我都时时刻刻告诫自己：无论自己多么出色，都别太把自己当回事。

不拿自己当回事，不是让你自轻自贱、不思进取、自甘平庸，而是让你把自己摆到与大家同样的位置上，将个人的荣辱恩怨、境遇命运放在社会大群体和历史长河中来分析看待。

只有这样，才能活得从容洒脱，拥有一份轻松自在的心境。就如故事中的这位知名作家一样，严重的偶像包袱曾经让他在两个小女孩面前大失脸面，而放下包袱，又让他重新获得轻松的人生。

不拿自己当回事，其实就是要我们放下包袱，低调做人。一个人真正伟大之处就在于他能够认识到自己的渺小。

在书店里，我们就可以发现一个人的渺小。在书的海洋里，我们常会问自己：至今为止对我影响最大的是什么？是书，因为一直所做的事就是读书。世界上有多少本书？无数。有多少本书，就有多少人的思想被篆刻在人类的记事簿上，他们被视为有思想的人，世界上有无数个有思想的人，其中并没有我们。

每个人都是渺小的，即便穷尽一生的气力去完成一件事，我们也不得不承认，这件事其实是微不足道的。某些不入流的所谓歌星、影星接受记者采访时张口闭口就称自己是艺术家，让人听见就觉得可笑，难道艺术家是自封的吗？相反，知识渊博的人反而往往会很谦虚，牛顿的谦虚众所周知，爱因斯坦的谦虚也让人钦佩，他每天自我提醒的内容就是：我的精神生活和物质生活都依靠别人，我必须尽力报偿我领受的东西。

其实我们都很渺小，很多人，就是落在地上的一粒沙，经过风吹雨打，最后被自然风化掉。作为青少年来，千万不要因为自己一时的成绩而自吹自擂，也不要因为自己稍有进步就自高自大。

对已获得的荣耀，不要过分张扬，要适当地收好锋芒。不要独享荣耀，也不要威胁到别人的现实地位和利益，更不要侵占别人的生存空间。人性就是这么奇妙，如果你习惯独享功劳，那么总有一天你会自讨苦吃，独吞苦果。

俗话说：花要半开。凡是鲜花盛开娇艳的时候，不是立即被人采摘而去，就是开始衰败。人生也是这样，当你志得意满时，要切记不可锋芒太露，这样只会有挫折在前方等你。

在现实生活中我们既要有往高处走的心态，又要有水往低处流的胸怀。或许把头低下，我们的心才会成为一口深井，泛出幸福的泉水。

被称为美国之父的富兰·克林，年轻时曾去拜访一位前辈。年轻气盛的他，挺胸昂首迈着大步，进门却撞在了门框上。迎接他的前辈见此情景，笑笑说："很疼吗？可这将是你今天来访的最大收获。"

一个人活在世上，就必须时刻记住低头。无独有偶，有人问过苏格拉底："你是天下最有学问的人，那么你说天与地之间的高度是多少？"

苏格拉底毫不迟疑地说："三尺！"

那人不以为然："我们每个人都五尺高，天与地之间只有三尺，那不是一抬头就会戳破苍穹？"苏格拉底笑着说："所以，凡是高度超过三尺的人，要长立于天地之间，就要懂得低头。"

大师说的"记住低头"和"懂得低头"之说，就是要记住不论你的资历、能力如何，在浩瀚的社会里，你只是一个小分子，无疑是渺小的，要在人生舞台上唱低调，在生活中保持低姿态，把自己看轻些，把别人看重些，把奋斗的目标看高些。富兰克林就从中领悟到了深刻的道理，并把它列入一生的生活准则之中，促使他后来完成一番伟业。

其实，我们的生活又何尝不是如此呢？如果把我们的人生比作爬山，有的人在山脚刚刚起步，有的正向山腰跋涉，有的已信步顶峰。

但此时，不管你处在什么位置，请你记住：都要把自己放在山的最低处，时时警醒自己。即使"会当凌绝顶"，也要记住低头，因为，在你所经历的漫长人生旅途中，总难免有碰头的时候。

当你从困惑中走出来时，你会发现，一次次谦逊的低头，其实是一种难得的境界。低头亦是一种能力，它并不是自卑，也不是怯弱，它是清醒中的一种经营。

当今社会，可以说是错综复杂，变幻莫测，因此，青少年在人生的漫长跋涉中，必须学会放低姿态，学会低头。但学会放低姿态并不是妄自菲薄，也不是自贬自卑。放低姿态意味的是谦逊、虚心和谨慎。

学会了放低姿态，就是在陷入泥潭时，知道迅速地爬起来，并且远远地离开泥潭，只有笨蛋才会在狼狈不堪的时候，对着自己泥潭中的鞋子说，我们可是出淤泥而不染的。

学会放低姿态，其实就好比上错了公交车，需要你赶快下车，去乘坐另外一辆能够到达自己目的地的车子，这时你就不应硬撑，继续坐这辆上错了的车。

低调做人并不会真的低人一等，但是低调做人必须摆脱"低人一等"的感觉。因为世间万事万物皆起之于低，成之于低，低是高的发端与缘起。高是低的蜕变与演绎。

低调做人与低人一等的本质区别就在于是否有自卑心理，是否缺乏自信。懂得低调做人的人虽然一时可能会处于"低人一等"的劣势，但这却能增强自信，积累经验，最终厚积薄发，成就大事。

低调做人是做人成熟的标志，是为人处世的一种基本素质，也是一个人成就大业的基础。

向日葵在籽粒尚不饱满的时候，镶嵌着金黄色的花瓣，高昂着头，随着太阳的升起和降落，摇来晃去，唯恐别人看不到它。一旦籽粒饱满它便会低下沉甸甸的头，因为它成熟了、充实了。

低调做人是一种生存的大智，是一种韧性的技巧，是做人的一种美德。低调做人才是最完美的人生。有这样一副对联：

上联是：做杂事、兼杂学、学杂家、杂七杂八尤有趣；

下联是：先爬行、后爬坡、再爬山，爬来爬去终登顶。

横批是：低调做人。

此联不仅对仗工整，而且妙趣横生，形象地道出了低调做人的真谛。低调做人是一种表象，是一种生存策略，其实比刚强更有力。

低调做人的人相信，给别人让一条路，就是给自己留一条路。低调做人的人懂得，才高而不自谕，位高而不自傲。做人不可过于显露自己，不要自以为是，更不该自吹自擂。低调做人的人知道：要想赢得友谊，就必须平和待人；要想赢得成功，赢得世人的敬仰，就必须学会低调做人。

青少年朋友，让我们从现在开始，学会低调做人吧！

第六章

方法与艺术——谦虚有度，进退有节

知之为知之，不知为不知，这便是谦虚的一种表现。很多成功人士都是谦虚谨慎的大成者，他们越是见多识广，就越是谦虚谨慎。

但是谦虚也须有度。往往有许多人掌握不好谦虚的程度，"谦虚"成了"虚伪"。虚伪的人表面看起来也很"谦虚"，但是他的内里却不实在，为人处事都含着虚假的成分。

一、向往美好：谦卑使人更加美丽

美丽只有同谦卑结合在一起，才配称为美丽。没有谦卑的美丽，不是美丽，顶多只能是好看。任何人所拥有的一切，与有大美而不言的天地相比，都不过是沧海一粟，微不足道。

从历史的长河看，不论我们拥有多少，拥有什么，拥有多久，都只不过是拥有极其渺小的一瞬间。人誉我谦，又增一美；自夸自败，又增一毁。无论何时何地，我们都应怀着一颗谦卑之心。

打开记忆的宝盒，里面有太多太多的教训，然而有一段小小的插曲让小琼至今都深受启发。

四年级的小琼，生性好强。肩负着副班长和体育委员的职务，她倍感骄傲。在同学们的目光里，她头顶上的光环在闪耀着。

期末考试成绩出来了，成绩靠前。小琼浑身上下开始爬满了骄傲的藤条。在爸妈的眼里她是个乖孩子，老师眼里她是个好学生，在同学们眼里她却浑身发出刺眼的光，丢掉了她的谦虚。

五年级的小琼，渐渐被同学疏远，成绩逐步下滑。不知什么时候，小琼已不是爸妈眼里的乖孩子了。骄傲的藤条渐渐褪去，取而代之的是惭愧，发射出的光芒逐渐变暗。人家说丑小鸭都变成白天鹅了，小琼却刚好相反。

小琼曾经极力反思，自己的成绩为什么会下滑？是什么让自己变成这样？是骄傲，同学给出了答案。

对于以前那个浑身发光的自己，小琼略有想念；但是想起以前那个只会看低别人的自己，她又有几分憎恨。同学们说得对，在人生的道路上有个最美的行囊陪着你，那就是谦卑，失去了这个行囊，也就失去了真正的美丽。

经过同学们的指点，小琼又重新上路了。小琼的成绩提高了，但是她没有再骄傲，她又重新找到了属于自己的美丽。

在人生道路上，成功固然美丽，可是在踏上成功路时，一定要以一种正确的态度面对成功。

人生要走的路很长，在这个漫长的人生旅途中，有一个美丽的行囊陪你一起旅行，那就是谦卑。失去了谦卑，也就失去了美丽。

谦卑是一种修养、是一种超越，更是一种基于文化积淀之上的风度之美。在我国几千年的历史长河中，我们的先贤为此付出了多少人生代价，才造就了谦卑的大成精神。

从此，谦卑便成为修养、高尚、智慧、品位、才学的别解而为世人称道，并成为我国传统思想文化的组成部分。谦卑，就是要有一种从零做起的心态，放下架子、虚心请教、不断学习。

在现实生活中，有一种现象，有学识的人比少学识的人谦卑、有才能的人比没本事的人谦卑。

在人类历史上，能够与诺贝尔发明创造相媲美的发明家屈指可数，在其身后能够与其留下的名声相媲美的人更是凤毛麟角。

诺贝尔一生给我们留下了225项重大发明，成就了惠及全人类的伟大事业。然而，他在自己的传记中却写道："诺贝尔，生平主要事迹：无。"

诺贝尔认为自己不过是一个平常人，足见其谦卑的程度，更让我们看到了他的风度。

无独有偶，科学家牛顿也是一个非常谦卑的人。牛顿在科学上做出了巨大的贡献，他的三大成就，光的分析、万有引力定律和微积分学，为现代科学的发展奠定了基础。但是，在他取得这些伟大成就时，他从不会去沾沾自喜。

事实上，牛顿发现"万有引力定律"的时候要比他正式宣布这一理论早上好多年，但他并没有急于发表，而是继续孜孜不倦地深思了数年，计算了数年，从未对任何人讲过一句。直到后来，牛顿的朋友，天文学家哈雷在证明一个关于行星轨道的规律时遇到困难，专程登门请教牛顿，牛顿才把自己关于计算"万有引力"的书稿交给哈雷看。而哈雷看后才知道自己所要请教的问题正是牛顿早已解决、早已算好的问题，心里充满了敬佩。之后，哈雷再三奉劝牛顿尽快发表这部伟大著作，以造福于人类。

但是，牛顿又经历了反复求证和计算，确认正确无误之后，才最终于1687年7月将《自然哲学的数学原理》发表于世。

诺贝尔和牛顿的这种谦卑不是虚伪、退避，更不是推诿，而是虚怀若谷的精益求精、不断学习。正是由于这种谦卑，他们心中的目标才更加宏伟和遥远，才会不满足于现状，对自己有更高的要求，才走向了成功的顶点，最终名垂青史。

九牛一毫莫自夸，骄傲自满必翻车。历览古今多少事，成由谦逊败由奢。无论到了任何年代、无论到了任何地方、无论任何人，真诚地谦卑、正确地认识自己、虚心地向别人学习，永远是成功的保障，更是衡量一个人素质高低和风度有无的标准。

真正的高大者，必会以谦卑的姿态面对生活，这正如稻穗越沉头越低一样。谦者，会在取得成功时，表现出一份内敛；在静观中取人之长、补己之短。

谦卑是无言的美。一个冬天的早晨，当你打开房门，大吃一惊：呀，下雪了！房子白了，地面白了，树也白了，一个充满诗情画意的世界！下雪的时候总是无声无息，让你一点儿也觉察不到。这就是雪落无声。

雪花用自己的身躯塑造了一个童话般的世界，即使这个世界的存在只有几天，也无怨无悔。在冬天，雪花是谦卑的。

一个春天的上午，当你穿上休闲装跑出去玩儿的时候，你会发现红花开了，并赞美它。但你有没有想过，只有红花，没有绿叶，那花还美吗？

俗话说"红花还需绿叶配"，为了红花，绿叶甘愿去陪衬。然而，没有谁会否认绿叶的作用。对于红花来说，绿叶是谦卑的。

夏天，荷塘里的荷花全开了，吐露出淡淡的清香。但是，当人们纷纷赞美荷花时，有没有人注意到荷花身旁的荷叶，如果没有荷叶，荷花还美吗？荷叶衬托着荷花，下雨时为荷花遮风挡雨而不求赞扬。荷叶在夏天是谦卑的。

谦卑是低调的美。它是不争强好胜，不引人注目，谦虚忍让，不强出头。它是波澜不惊，心静如水的定力。它代表着豁达、代表着成熟、代表着理性，它是一种博大的胸怀、是一种超然洒脱的态度，是人类最高的一种境界。

谦卑是有内涵的美。谦卑的前提是你要有实践能力，要有足够的思想内涵。如果你的人生阅历都不够，那你的内涵又从何而来？人是慢慢长大的，知识是从不断地学习中得到的，经验也是在实践中得到丰富的。

要记住，说得多错得就多，说得多不如做得多。谦卑不仅可以保护自己，让自己融入人群，与他人和谐相处，还可以让自己暗蓄力量、悄然潜行，不招人嫉，在不显山不露水中成就事业。

谦卑是自信的美。它不人云亦云，不颠倒黑白，不唯唯诺诺，它不惧胁迫，心如磐石，在是非曲直面前从不让步，它不奴颜婢膝，不诚惶诚恐，它无私无畏，光明磊落。

谦卑是乐观的美。它并不害怕自己是一片荒原，因为它懂得，只要肯开拓，荒原也会变成沃野；它并不害怕自己做一回小草，因为它明晓，只要肯蓬勃生长，小草也照样能够编织斑斓绚丽的大地；它并不害怕自己是一条小溪，小溪照样能汇聚成浩荡恢弘的大江大河。

谦卑是生机勃勃的美。你看，哗哗流淌的溪水倾注了万丈深潭，水总是往低处流，正是因为深潭的谦恭低下，那深潭便拥有了浑厚的力量。

你听，山谷中郁郁葱葱的树木喁喁而语，正因为山谷的谦恭低下，那低谷便拥有了真正的伟岸，高高在上者不会有谦卑的品德。

谦卑是宽容的美。宽容是一种修养，是一种尊重，是一种品质，更是一种美德。宽容不是胆小无能，而是一种海纳百川的大度。宽容别人也就是宽容自己，在生活中难免会与别人发生摩擦，当别人不小心踩了你的脚向你致歉时，你应该摆摆手，说声没关系；当别人不小心弄坏了你的东西，向你道歉时，你也应该宽容地付之一笑。

人生如此短暂匆忙，我们又何必把每天的时间都浪费在这些无谓的摩擦之中呢？天地如此宽广，但比天地更宽广的应该就是人的心了。

人们都知道山外有山，人外有人，能人背后有能人这个道理。要真正弄清这个道理，不耻下问，才是上策。学人所长，补我所短，打牢基础，才会进步。高调处事低调做人，才会立于不败之地，才会后来居上。

不管别人如何做，管好自己就行。走好自己的路，做好自己的事，普普通通，清清白白。拿得起，放得下，乐观豁达。事成更好，不成不馁。人生无悔，演绎生命的美丽，同时也给这个社会的和谐增添了无限的色彩。

作为青少年，只有谦卑地去学习，在学习中不断进取，一步一个脚印，才能产生更多的智慧。对待成功、掌声、鲜花、羡慕、敬仰，始终谦逊平和，不夸大自己的才能，这样，你就会不断地进步，而且你的心灵也会越来越美丽。

二、不要过谦：机会错过不会再来

中国自古便有一句至理名言："谦受益，满招损"。是的，谦虚是中华民族的传统美德，用来提醒人们做人一定要保持谦虚，不能太高傲。

诚然，"谦虚"的精神是每个人都应当拥有的。没有一个人有能骄傲的资本，因为任何人即使在某一方面的造诣很深，也不能说他已经彻底精通了。

"生命有限，知识无穷"，保持一份谦逊的态度是所有人都应做到的。凡事总有两面性：忍让过度就是懦弱；谦虚过度就是虚伪；自信过度就是自大。作为一种含蓄的智慧，谦虚当然是必要的，谦虚一旦过了度，结果就会背离人们的初衷，往往会适得其反。

特别是我们青少年朋友，在面对良好的机遇的时候，往往更需要毫不客气地去争取，而不是一味地谦让。如果你总是在谦让，那么大好的机遇往往就会与你擦肩而过。

这里有一个因为谦虚而与机会失之交臂的故事，青少年朋友们，我们来看一看吧：

有一位青少年，尽管他有很多爱好和特长，如唱歌、绘画，可他却认为比自己强的人还有很多，所以在老师选任宣传委员时没敢出声。结果，他被了解他的好心同学打了小报告，老师把他叫到跟前，询问他的爱好和特长，他还是一直谦虚地说自己这也不行、那也不行。老师只好认为他真的不行，就不再管他了。

然而，当他看到比自己差得好远的同学在做板报，画了又擦，擦了又画，眼看要把黑板糟蹋了时，他实在忍不住了，就过去帮忙。结果他三下五除二，轻松做好了一期精美的板报。

当班主任看到他的"杰作"后，脸上不但没有笑容，反而批评他，说他之前不支持老师以及班级的工作。他感到非常委屈。后来，班主任让一个才能并不如他的同学做了宣传委员，而要他协助对方，也就是说，工作他来做，功劳则全是那位同学的。

最终他得出了一个经验教训：过分谦虚，只会让自己的机会白白流失。

作为一种含蓄的智慧，谦虚当然是必要的，但善于正视自我、相信自我、表现自我才是更重要的。正像故事中的少年一样，因为过分自谦，他白白丧失了良好的机遇，个人才能得不到发挥。

谦虚不是错，过度谦虚肯定就不对了。中国有句老话："天下没有卖后悔药的。"机会一旦失去，很难再找回来，与其后悔，不如当机立断，抓住机会，而不是在那里红着脸谦虚。

曾有过这样的事情，改革开放以后，初次走出国门参与国际竞争的企业里，就曾有因自谦地说自己的"产品还不够好"的话，而被外商拒绝。

因为外商认为：你自己都觉得自己的产品不好，怎么可以将其推荐给我？这里固然有东西方文化之间的差异，但也说明，如今这个年代，过分自谦或者被动式的等待，只能让自己错失良机！

你再优秀、再聪明，但没有发挥才能的平台和机会，又怎能得到别人的认可？想当年，诸葛亮如果不是出山辅佐刘备，给了证明自己军事才能的机会，那么他不仅成就不了刘备的霸业，也只能空有满腹经纶而不为世人所知，诸葛亮的名字也就不可能在历史的纪念册上占有一席之地。

自己有实力也要证明给别人看，谦虚不是何时都是一种美德。自己的能力只有自己知道，把能力充分发挥出来，别人才会知道，才会得到大家的认可。

三、把握时机：具体问题具体分析

我们任何人在这个世界上都不是十全十美的，难免会有一些缺点，因此，学会谦虚是我们青少年必须做到的。但是，任何事情都不是绝对的，谦虚也不例外。

谦虚要分场合、分时候。该谦虚时要谦虚，该表现自己时就要表现自己。绝不能一味地谦虚。骄傲自大、盛气凌人固不可取，但过分的谦虚也会失去机会。

这里，我们先来看一个故事好了：

一家高级公司需要人才，来排队考试的人很多。

一个小伙子也来应聘，不过他排在了第32位，但是最终进入公司的只能有一个人，而且其他人都很厉害，怎么办？

于是，小伙子写了张纸条请秘书传给公司总经理："经理先生，您好！我有很出众的才能，可是我现在排在第32位，在您没有看到32位之前，请您不要提早做出决定。"

总经理看了便条，十分欣赏小伙子的信心。而且他在总经理面前把自己的才能发挥得淋漓尽致，最后成功地进入了那家公司。

你想一想，如果那个小伙子在应聘的时候，不是大胆地展现自己，不传纸条给总经理，而是在那儿谦虚地等，进入那家公司的恐怕可能是别人了。

每一个人的才能都是一块埋在地下的宝石，如果你不把它挖出来，它就会在地下失去光泽、变脏、变旧！所以，在这样的场合下，不适合过于谦虚，而适合积极地表现自我。

我们可以站在招聘者的立场来想一想，求职者既然羞羞答答不能肯定自己是否能胜任所应聘的职位，那为什么还要来应聘呢？既然来了，就说明其能够胜任职位，就应敢于表现。

谦虚与表现并不是对立的。谦虚是我们做人的一种品德，是宽容，是善良，为人谦虚不仅能得到同事友人的嘉许，还是让自身得以提高的方法之一。所谓虚心使人进步，骄傲使人落后就是这个道理。

谦虚是有条件的。谦虚并不是说自己真的就百无一是或能力不如别人，相反，只有大智者才能做到真正的谦虚。谦虚的条件是什么呢？条件之一，就是自身的本钱要足够，不会因为一些无谓的理由而轻易地表露。谦虚是一种客气，是一种礼让。礼让不是因为自己没有，而是因为富有才有的魄力。谦虚的条件之二是环境决定的。离开一定的环境去说谦虚无疑是个笑话，不仅让人贻笑大方，还会自招冷眼。试想有时若面对一群不知天高地厚之人，你的谦虚又有何价值？

谦虚并不是说要一味地退让，该出手时就出手是谦虚的底线。正如有人说的，比赛场合，你若谦虚就是对对手的藐视，不仅不是尊重对方，反而是对对方的侮辱，因此在这样的场合一定要积极争先，不做虚伪之人。

谦虚不是不表露，张扬不是乱虚夸。谦虚同样是要表达自己的个性与观点的，只是表达的方式与形式有所不同。张扬也不是要浮夸，明明不懂而要装懂，这不是张扬，而是虚假。所以，要把正确的张扬与虚假的浮夸区别开来。张扬是现在这个年代的需要，快捷的节奏，不容许人们有过多的时间去浪费，必须简明扼要，言语果断。张扬的个性是现代人宣传自我，推销自我的方法之一。

人与人之间的交流要求我们充分去展示个人的才华与能力，这不仅是社会的需要，也是我们个人自我价值表现的需要。但是一味只求个性张扬，不顾群体感受的张扬也必将为众人冷落。

虚夸胡吹就不是张扬的本意了。人与人的关系是一门艺术。如何相处，如何恰到好处，这里有个度，把握得好，不仅让人与你相处起来轻松舒服，还会增进你的亲和力。反之，一味只顾张扬的人是得不到多数人拥戴的。大胆展现自我、发挥自我的长处是时代的要求，但在张扬自我的过程中把握尺度，不忘做个谦谦君子也是做人的道理。另外，谦虚要看地域文化和时代的差异。我们中国人注重谦虚，也喜欢谦虚。中国人的谦虚在世界上是出了名的，但并不是谦虚用在所有地方都是好的。

曾经在一个电视节目上，听一个从美国回来的留学生讲述美国人的开放、民主，顺带着说了一下美国人的直率。他讲了一个例子，就是中国人和外国人应聘时的差别。中国人一般都会谦虚一下，说我能力有限，不一定能适应这个工作。老外就很自信，说自己多么有能力，什么都行，肯定能胜任这份工作。结果老外获胜，中国人灰头土脸地走了。

还有一个故事，有一个俄国学者和一个中国学者，两个人都是研究敦煌学的，两人都写了一本书，俄国学者的书名简单明了，就叫《敦煌学》，而中国学者比较含蓄，不敢起这样权威的书名，只是按照汉语的习惯，起了一个比较谦虚的书名《敦煌学导论》。

结果欧美学者看到这两本书之后，自然认为前者是一本专业性著作，而后者可能是一本普及性读物，因而选择了前者作为学生的教材。

从上述两个例子我们可以得出一个结论，当我们与外国人交往时，我们不需要贬低自己，要显示自己的能力，把自信展现出来，不然我们会在很多方面吃亏。我们有时候还会过于谦虚。精挑细选买了一身新衣服，穿上后，别人赞美两句，马上回答说："哪里，一点也不好看"；好不容易做了桌菜，客人尝后夸奖两句，又马上说："手艺不好，见怪了。"

浩浩今年六岁半，长得非常可爱，而且聪明伶俐、很有礼貌。小家伙思维活跃、想象力丰富、能说会道，邻居们都十分喜欢他，交口称赞他的父母生了个好儿子。但每次他的父母都极为"谦虚"地说："哪里哪里，小孩子胡说八道。"

浩浩见自己每次得到大家称赞时，爸爸妈妈都这样评价他，渐渐觉得爸爸妈妈不喜欢他这样的表现，开始变得孤僻起来。他的父母起初还不觉得，后经邻居提醒，才意识到问题的严重性。于是带浩浩去医院检查，结果一切正常。

后来辗转找到一位儿童心理专家，经过谈话和心理测试，才找出浩浩的"病根"来。

虽然经过慢慢引导，浩浩的孤僻性格有所改观，但始终没有以前活泼可爱了。浩浩父母后悔不已，本来觉得自己是谦虚而已，没想到对孩子有这么大的影响。

其实过分谦虚有时候也是对人的一种不尊重，我们应该学着接受被人赞美。可能有人会说你骄傲，但这种骄傲并没有什么错，只是说明你比较有资本，有能力。

与此相对，有许多地方，我们是需要谦虚的，但是我们却没有谦虚。在上公交车的时候，大家都是挤着上去的，从来没有整整齐齐排着队有次序上车的；在公众场合，很多人喜欢大声地与自己的朋友聊着电话，不顾自己是否打扰别人。

这些都是我们该礼貌没有礼貌、该谦虚而没有谦虚的地方。可能有人会说，这是经济发展、竞争激烈导致的，但据说，德国人在开车时遇到红灯，就算路上一个人也没有，也从不闯红灯。

中国人一向说自己是"礼仪之邦"，那我们就应该向世界展示我们的风度，展示我们的风采，把谦虚用到正确的地方。

在知识面前，我们应该谦虚。可是许多青少年既不懂得尊重老师，又不懂得向同学学习，有时候连向老师问问题都说没时间，却天天在网吧里"遨游"。这是谦虚的态度吗？

青少年通常会有一个通病，心高气盛，恃才傲物，总以为自己是鸿鹄，别人都是燕雀，眼光总是高高在上，根本不把周围的一切放在眼里。直到有一天，被眼前的门框撞了头，才发现门框比自己想象的要矮得多。要想进入一扇门，必须将自己的头低得比门框更矮；要想登上成功的顶峰，遇到不懂的就必须低下头虚心向别人求教。

向别人求教没什么大不了的。很多人会觉得这样丢人，觉得在外人面前把自己的面子给丢掉了。其实，面子是别人给你的限定和束缚，你完全可以不去理会，要记住一句话：面子是这世界上最不值钱的东西。

青少年朋友，从今天开始，该谦虚时就谦虚，但不要错过该表现自我的机会！

四、哀兵必胜：学会低头才会赢

在中国古代，人们习惯于"低头"，或许是迫于封建统治阶级的压迫；新中国成立后，当家做主的人民自然应该"抬头"做人了。于是，我们从小所接受的教育最多的是"永不低头""永不言败"，否则就是懦夫，缺少顽强的精神。

其实，"学会低头"确实是一种人生智慧。当今社会，竞争激烈，压力增大，一味地倔强不低头，难免会四处碰壁。良好的人际关系得建立在宽以待人的原则之上，而事业的成功离不开同人合作。求同存异，会使合作更加融洽。

更何况，人生不如意时太多，学会低头，该认输时就认输，会使你的人生"柳暗花明又一村"。很多时候，只要我们能够简单地忍让一下，事情就会完全是另一个结果。亲爱的朋友，我们来看一个故事吧：

夜色渐浓，满天星斗交互辉映，笼罩着整个城市，亦缠住了小昕的思绪……比起星星的璀璨，小昕回忆起自己盛气凌人的画面，羞涩悔意涌现出来。小昕是风风火火的人，小宁是如水般文静的女孩。她们同是班级中的佼佼者，现在却水火不容！北风呼啸中，一棵棵光秃秃的树木昂然挺立，仿佛是一个个坚守学校的士兵。

小昕裹在厚实的羽绒服中搓着略显僵硬的双手呵着热气。小昕斜眼瞄着前面的小宁，"小宁那小身板跑步总不如自己了吧？我得借此好好杀她一局！"思及此，小昕大摇大摆踱到小宁身前，走过她身边时，还用鼻子发出"哼！"的声音。

跑步考试即将拉开帷幕，为了显示自己比小宁优秀，小昕故意大声地询问周遭的同学怕不怕比赛，然后在还没听清回答的情况下就炫耀地说："我曾经参加过800米的比赛获得了第一名呢！"同学们的美慕声使小昕很受用，让小昕开始飘飘然，此时，有个声音响起："现在开始做准备活动吧！到时候才能得到满分啊！"小昕看了下，原来是小宁。小昕嗤之以鼻，轻笑："我可从没做过什么准备活动，我也从未失败过！不说别的，我穿着羽绒服也能跑第一名！"

"女生集合！"一声令下，所有女生鸟雀归巢一般飞速集合。"起跑线上准备！"小昕恰好站在小宁的身边，"怎样？有信心跑第一名吗？"小昕挑衅地说。

小宁低了低头："我跑步不擅长，但我会尽力考满分的！有你在我前面跑，我想我一定可以跟着你达成我的目标的！"

说完，小宁抬起如水莲花一般柔美的眼睛充满感激地看着小昕，小昕被那清澈透亮的眼神震慑了，突然间，有些厌恶自己的感受。由不得小昕细想，哨声响起，每一个人都拼尽全力奔跑！短短一圈后，小昕的双腿像灌了铅一般难以挪动，小宁跑在她的身旁："把羽绒服脱了，你会跑好的！"

小昕碍于刚才的面子，终究还是固执地不脱羽绒服。就这样，小昕越来越远离了冠军的位置，小宁却赢得了第一。

小昕恨得牙痒痒的，屋漏偏逢连日雨，刚才的美慕之声转而成了一把把利刃，"哎哟，是谁说曾是冠军来着？""不是说穿着羽绒服也能跑第一吗？""看起来她也不过如此！"

天本就寒冷，因这些语句小昕更是寒彻心扉。小昕沉默不语，"别这么说，我跑步能满分多亏小昕在前面带着我！要不是她难为情，不好意思脱下羽绒服，第一名肯定是她的！"

柔柔的话语如同初春的暖风，化解了小昕心湖的坚冰，也洗涤了她的那些自大与愚昧！

后来，小昕从某本书中看过这么一句话："成熟的稻子会弯腰！"小昕终于懂得自己不如小宁的原因：懂得低头，懂得谦逊，才能成熟起来，才能获得进步！

是啊，该低头就低头，一个人不可能一生都挺着腰板儿做人。就如故事中的主人公那样，心高气傲、自以为是，认为自己穿着羽绒服照样能获得第一，结果怎么样？当然，我们不是要赞美那些没骨气的人，而是说，只有能屈能伸的人，才可以在这个社会上立足。一场大雪过后，树林里出现了有趣的现象。只见榆树被厚厚的冰雪压得许多枝头折断，而松树却生机盎然，一点儿也没有受到伤害。原来，榆树的树枝不会弯曲，结果冰雪在上面越积越厚，直到将其压断，使树备受摧残。

而松树却与之相反，在冰雪的负荷超过了自己承受能力时，便会把树枝垂下，积雪得以滑走，它才得以像下雪前一样枝干挺拔，巍然屹立。能屈能伸，刚柔兼济，正是这种气度和风范，使松树经受了一场场暴风雪的洗礼而安然无虞。生活并不总是昂首挺胸的阳关道，不总是可以让人趾高气扬的大门槛，总有不少要让人低头才能过去的低檐和小门。知道低头，才不会张扬张狂，才不会自傲和专横。

低头是一种能力，它不是自卑，也不是怯弱，它是清醒中的嬗变。学会低头，你才能顺利地走过一段坎坷路，学会低头，你的人生路才会更加精彩。认识到这一点你就会更清醒地认识生活。有时，稍微低一下头，或许我们的人生之路会更精彩。懂得低头，才能赢得最后的胜利！

大海之所以能容纳百川，是因为它把自己放在最低处，于是便成就了它的宽广与气魄。在充满艰辛的人生道路上前行着，如果不懂得低头，就看不清脚下的陷阱，就不知道自己的足迹是弯还是直；在多种社会关系错综交织的生活中，如果不懂低头，自以为是的昂首挺胸，心高气傲，则势必会与他人相互碰撞，从而出现一些不必要的伤痕。

要取得成功，首先就要学会低头。这恰如演奏一支高昂的曲子，起头往往是低调的。低头，既是正确认识自己，也是对他人的一种尊重。

什么时候都昂昂着头，实际上是抬高自己，看低别人。你瞧不起别人，人家干吗要瞧得起你呢？因此，你再优秀，再有名，也没有人愿意与你合作。要学到新东西，要不断进步，就必须放低自己的姿势。只有懂得谦虚的意义，才会得到别人的教诲，才会处处受人喜爱。

自认为怀才不遇的人，往往看不到别人的优秀；愤世嫉俗的人，往往看不出世界的美好；只有敢于低头并不断否定自己的人，才能够不断汲取教训，才会为别人的成功而欣喜，为自己的不足而自省，才会在挫折面前发愤努力。要放下架子，不耻下问。"虚心使人进步，骄傲使人落后。"我们知道的东西只是汪洋中的一滴水。所谓的架子其实是极端不自信的表现，是一种对自我的限制。

低头需要有绝对的勇气，在人生的道路上，我们经常会有迷失方向的时候，昂头的结果是输掉了自己。所以我们应当用平和的心态，像跪射俑那样，时刻保持着生命的低姿态，这样就会避开无谓的纷争，避免意外的伤害，就会更好地保全自己，发展自己，成就自己。学习低头，懂得适时低头，这可以说是最基本的生活常识。

老子曾经说过，当坚硬的牙齿脱落时，柔软的舌头却完好无损，因而柔软有时候是完全可以胜过强硬的。学会在适当的时候，保持适当的低姿态，绝不是懦弱和畏缩，而恰恰是一种聪明的处事之道，是人生的大智慧、大境界。

当然，低头并不意味着把自己不当人。低头不应该是流水，越流越低。一支曲子，越唱越低，就会唱不下去。有人把低头理解为唯唯诺诺、忍让一切，理解为逆来顺受、低声下气，这是不正确的。

理性、策略的低头，是一种对客观环境的理性认知，没有丝毫的勉强，是"该低头时就低头"。这个"该"字，使你的低头，并未丢掉自己的尊严、人格和做人的原则，起码不该低头的时候你就没有低头。退一步方能海阔天空；忍一句风平浪静。

"该低头时就低头"，是具有了对世态炎凉的感知所采取的自我保护的生存策略，就像韩信，丝毫没有因为低了头而掩藏了他后来的光亮。

"该低头时就低头"，是知晓了现实世界里生存的技巧，有时吃点儿小亏反而能占大便宜，所以我们向来提倡"以忍为上"，"吃亏是福"这种玄妙的处世哲学。"该低头时就低头",是识时务者认清了现实社会而积极适应的生存谋略,这个谋略的运用,使得我们可以纵横驰骋如入无人之境,冲锋陷阵而无坚不摧。

人生难得事事如意,如果能学会低头,学会忍耐,婉转退却,可以获得无穷的益处。在人际交往中,如果能舍弃某些蝇头小利,也将有助于塑造良好的自我形象,获得他人的好感,为自己赢得友谊和影响力。

事实证明,学会低头是一种态度和哲学,是一种智慧和境界,也是一种晓得天高地厚、识得海阔天空的道理。青少年朋友,我们要以此为鉴,学会低头,让自己能在明确目的之后走得更快,走得更稳,更早地成功。到那时,你会真心地说一句:"会低头真好。"

五、开心一笑:微笑最能打动人

微笑,是人类最基本的交流动作。微笑,似蓓蕾初绽。真诚和善良,在微笑中洋溢着感人肺腑的芳香。微笑的风采,包含着丰富的内涵。它是一种激发想象力和启迪智慧的力量。在顺境中,微笑是对成功的嘉奖。在逆境中,微笑是对创伤的理疗。

微笑其实并不难,嘴角微微上扬,划出一道美丽的弧线。可是,许多青少年朋友却为了所谓的"装酷",或者因为小小的挫折,很少能够笑得出来。其实,微笑是上帝给我们的最好礼物。我们每一个人都应该学会微笑,经常微笑。朋友,我们来看一个微笑的小故事吧:

有人说:"微笑是一种前进的力量。"这一点,思语从未怀疑过,学会微笑,就算前方有再大的困难,也会挺得过去。

记得上小学的时候,学校举行了一个朗诵比赛,思语非常高兴,因为思语很喜欢朗诵诗歌,放学回家后她就对妈妈说："妈妈，我们学校将要举办一个朗诵比赛，我也想要参加……"

妈妈微笑着说："好啊，一定要好好朗诵！记着，朗诵的时候，一定要面带微笑。"

第二天到了学校，早自习上老师要同学们举手报名，班上大多数人都踊跃地举起手来，当然思语也不例外，但是老师止住了他们兴奋的心情说："同学们安静，安静，我很高兴看到同学们都很踊跃积极地参加本次活动，只是学校规定每班只能派三名选手，所以请同学们互相商量一下，我们班派哪三名选手……"

老师还没有说完，下边就议论了起来，议论的过程中，有的人对思语说："思语，你声音洪亮又好听，你去参加吧……"听完，思语心里暗暗高兴，老师要同学们停止议论后，问同学们："有谁来参加本次朗诵比赛？"

老师的话音刚落，思语就举起手来，其他想报名的同学也都纷纷举起手来，报名的有10名同学，老师还是做不了决定，然后就叫10名同学每人各朗诵一段文字，"你先来吧！"老师指着一个女孩说道……很快，到思语了，她有些紧张，因为怕读不好而落选。但她记起了妈妈的话，对，一定要微笑。

她清了清嗓子开始微笑着朗读起来："我是你河边上破旧的老水车，数百年来纺着疲惫的歌，我是你额上熏黑的矿灯……"

10个人全读完后，老师给他们作出了评价，然后经过老师深思，选出了三名选手，当老师公布最后结果时，思语又开始紧张，当老师念到她的名字时，她兴奋得差点儿跳起来。

微笑面对生活的人，失去的是自己的烦恼，赢得的是整个世界。说得多好啊！故事中的主人公虽然在朗诵比赛中失利了，但是她能一直用微笑面对生活，是值得我们学习的。

简单而现实的生活告诉我们，美丽的外表并非想象的那么重要，横溢的才华也并不是每个人都拥有，但是不论是谁都有权利微笑。

微笑是一株芳香扑鼻的白色百合，成长于一颗纯净的心灵，在微风中弥漫着真诚和善良的芳香；微笑是阳春里怒放的杜鹃花，用火一样的颜色展示生命真实的色彩；微笑是腊月寒冬里那一束阳光，尽管只有微弱的热量，却能让人感觉到温暖。

面露平和欢愉的微笑，证明你心情愉悦，热爱生活，你的微笑向大家展示了你积极、健康、乐观的魅力；面带自信的微笑，以不屈不挠、勇往直前的姿态与人交往，你会被他人欣然接受，同时收获了朋友的信任和赞许；面带真诚友善的微笑，用内心的善良和友好，让对方感受到你待人诚恳，平易近人。

微笑不仅是一种表情，更是一种感情的流露。没有人会因为富有而抛弃微笑，也没有人因为贫穷而将它冷落。只要你微笑着面对生活，生活就会向你微笑。微笑让你消除烦恼，微笑让你重新找回自我。如果你常把笑容慷慨地送给别人，这会使沮丧者重获信心，使失落的人得到抚慰，也使陷入烦恼的人得到解脱。微笑起来，你会突然间发现生活真的很完美，和谐无处不在。

学会微笑，带着微笑呼吸清新的空气，带着微笑享受如诗的生活，带着微笑面对每一个日出日落，用那淡淡的微笑去诠释幸福的真谛，用微笑这种独特的方式去保存每个值得记忆的瞬间，慷慨而豪迈地把我们的微笑献给那片纯净的蓝天，留给生命中的分分秒秒，送给所有爱你的人和你爱的人。

顺境中，微笑是对成功的肯定和嘉奖，逆境中，微笑是治疗创伤的妙药。生活并没有拖欠我们任何东西，所以没有必要总苦着脸。应对生活充满感激，至少，它给了我们生命，给了我们生存的空间。

一个人的情绪易受环境的影响，这是很正常的，但你苦着脸的样子对处境并不会有任何的改变，相反，如果微笑着去生活，就会增加亲和力，别人更乐于跟你交往，得到的机会也会更多。

微笑没有目的，无论是对谁，那笑容都是一样，微笑是对他人的尊重，同时是对生活的尊重。微笑是有"回报"的，人际关系就像物理学上所说的力的平衡，你怎样对别人，别人就会怎样对待你，你对别人的微笑越多，别人对你的微笑也会越多。在受到别人的曲解后，可以选择暴怒，也可以选择微笑，通常微笑的力量会更大，因为微笑会震撼对方的心灵，显露出来的豁达气度让对方觉得自己渺小，丑陋。清者自清，浊者自浊。有时候过多的解释、争执是没有必要的。对于那些无理取闹、蓄意诋毁的人，给他一个微笑，剩下的事就让时间去证明好了。

当年，有人处处说爱因斯坦的理论错了，并且说有100位科学家联合作证，爱因斯坦知道了这件事，只是淡淡地笑了笑，说，100位？要这么多人？只要证明我真的错了，一个人出面便行了。爱因斯坦的理论经历了时间的考验，而那些人却让一个微笑打败了。

微笑发自内心，无法伪装。保持微笑的心态，人生会更加美好。人生中有挫折、有失败、有误解，那是很正常的，要想生活中一片坦途，那么首先就应清除心中的障碍。微笑的实质便是爱，懂得爱的人，一定不会是平庸的。微笑是人生最好的名片，谁不希望跟一个乐观向上的人交朋友呢？微笑能给自己一种信心，也能给别人一种信心，从而更好地激发潜能。微笑是朋友间最好的语言，一个自然流露的微笑，胜过千言万语，无论是初次谋面，还是相识已久，微笑能拉近人与人之间的距离，令彼此之间倍感温暖。

微笑是一种修养，并且是一种很重要的修养，微笑的实质是亲切，是鼓励，是温馨。真正懂得微笑的人，总是容易获得比别人更多的机会，总是容易取得成功。别忘了，每年的5月8日是世界微笑日。

请微笑吧！继续歌颂生存下来的每一秒钟！让我们保持微笑，多给自己点依靠，给寒冷的心披上外套，直到路的尽头！

六、以退为进：会让步才能前进

我们一般都认为退缩是弱者的行为，前进是强者的行为。事实并非都是这样，很多时候，前进只是蛮干，而退缩却是另外一种前进，是一种为未来着想的方法。

俗话说，世事如棋。生活中人与人之间充满着竞争和对抗，每个人都如同棋手，其每一个行为都如同在一张隐形的棋盘上布一个棋子。精明慎重的棋手们相互揣摩，相互牵制，人人争赢，才下出诸多精彩纷呈、变化多端的棋局。

我们要学会"退"，退是为了进，它是进攻的第一步，待时机成熟，便可以以退为进，从而获得成功。人，确实是应当敢于拼搏，但这个拼搏是建立在清楚了解自己能力的基础上的。如果不了解自己的能力，只会是以卵击石，白白葬送自己，这是莽夫的行为。

有一位登山运动员，在一次攀登珠穆朗玛峰的活动中，在爬上6400米的高度时，他渐感体力不支，停了下来，与队友打个招呼，就悠然下山去了。事后有人为他惋惜：为什么不再坚持一下，再攀点高度，就可以跨过6500米的死亡线啦！

他回答得很干脆："不，我很清楚，6400米的海拔，是我登山生涯的最高点，我一点都不感到遗憾。"

聪明之人，会懂得知难而退，懂得怎样去拼搏。正如故事中的这位登山运动员那样，该退的时候就毫无遗憾地退下来，而并不害怕别人会笑话自己。电视节目《开心辞典》中曾有这样一幕：

一青年在台上答题，他怀孕的妻子在观众席上静静地等待着他胜利的佳音。然而当他顺利闯过三关时却选择了放弃。这种情况是罕见的，因为选手对主持人的"继续吗"的回答总是肯定的，可那位青年却出乎所有人的预料，坚定地说出"停止"两字。正当观众的那些冷嘲热讽朝他泼去时，却被他在主持人面前的回答征服了。

主持人问："如果你的孩子将来问你为何不勇往直前，你怎么回答？"

"有些事情并不一定要到达终点，停止可能获得的更多。"

"那如果你的孩子只考了80分就不上进了，你怎么教育他？"

"我会说：'你若尽了最大努力，那我不怪你。人生并不一定要走到最辉煌的顶峰，关键是要享受走的过程。'"

就是他的这两次回答博得了热烈的掌声，得到了来自观众心灵最深处的敬佩。

其实，我们的生活也是如此。倘若爬山，累了就应该停下来，先享受一下千层绿浪的清幽，感受一下另类的幸福，再继续攀登，那"会当凌绝顶，一览众山小"的感觉也许就油然而生了，那种豪情壮志也体会到了。但如果累了还要逞强继续攀登，那到达山顶就更困难了，说不定还会让你因过累而伤害自己。

到那时，与其耗尽力气向看不到终点的山峰走去，倒不如怀着一份轻松闲适的心情，低下头，后退一步，观赏一会儿身后的风景。

努力拼搏固然是不可缺少的精神，然而这世上有太多的事是人力所不能控的，无谓的努力还不如暂时的放弃，说不定会有什么意想不到的效果，也许你能从此得到更多美丽的事物。

但是，这一歇，并不是停滞不前，而是为了养精蓄锐，更好地向前；也不是一味妥协，而是理智的忍让，为了给自己留有余地；更不是无条件的放弃，而是有意地迂回，为了更坚定的站立。

小溪放弃平坦，是为了回归大海的豪迈；落叶离开枝干，是为了期待春天的灿烂；蜡炬燃烧自己的躯体，是为了拥有一世的光明。

在人生的旅程之中，有太多的诱惑，不懂得放弃，只能在诱惑的漩涡中消沉；有太多的欲望与奢求，不懂得放弃就在人生的轨道之中失去方向；有太多的享受，不懂得放弃，只能沉浸在短暂的享受之中。

人们常常把追求的目光盯在遥不可及的远方，而对近在咫尺的宝藏却视而不见，宁愿历尽千辛万苦去寻找虚无缥缈的成功，也不愿意看见身边唾手可得的财富。幻想再美也只是幻想，有时只有放弃才是一种理智的体现！

锯子若一直向前，就会有到头的时刻，适时退回锯子才能再次发力；弓始终绷紧，会有拉断的时候，适时将弦放松，才能让箭快速离弦。成功人生不在于一时的得失，因为"拳头收回来，打出去才更有力量"！退不是放弃的借口，不是认输的理由，更不是成功后的满足。能以退为进者，才能真正走上成功路。在某些特定的时间里、环境下，采取以退为进的方法，也是一种积极的人生策略，而并非是消极退让。正如有人所说："用心计较般般错，退步思量事事宽；有心栽花花不开，无心插柳柳成荫。此之为成事之理也。"

能以退为进者才能走得更稳。在攀登珠峰的路上，面对潜在的危险，有26人选择向前，换来的是永远安息于此的结局。只有克洛普利独自坚持返回大本营。一年后，他成功登顶，实现了队友们已不可能完成的心愿。

荣誉会冲破理智，可当弦崩断的瞬间，箭也将应声落地。不是所有的退都意味着放弃，有时成功也少不了冒险，但若冒的是生命之险，又怎能换得来成功？留下一串扎实的脚印，才是一段稳步向前的成功路。

退，不是放弃，而是成功路上必经的抉择。能以退为进者才能走得更远。在北京奥运会的赛道上刘翔转身离开，途经旁人不理解的目光，带着我们无法体会的伤痛和无法想象的压力。但在此时他若不退，更加严重的脚伤只会成为他体育生涯永远的牵绊，我们不会有机会看到黄金大奖赛上刘翔完美的复出，甚至他的身影也可能不会再出现在赛道的那头。

淡出人们的视线，离开相伴十几载的跑道，治疗、复健才使他有机会蓄势，才有待发的可能。脚步有进有退，只因人生有起有落，能在落时释然退下，只为待起时再次奋勇向前。退，不是认输，而是待发前的蓄势。能以退为进者才能走得更高。李开复在谷歌中国区发展如日中天时离开了谷歌，他来回穿梭于各大高校演讲，写了一篇又一篇鼓励大学生的文章后，决心开创"创意工场"，带动许多成熟的大规模公司帮助中小型企业发展。

从苹果到SGI到微软到谷歌的全球副总裁，他的事业路算得上是一帆风顺。当所有人都仰视着全球500强的光芒时，李开复看见的却是小企业创意的潜力，从领导者变为如今"白手起家"的"创业者"，意味着他要走一段没人走过的路，没有人知道结局的路。

退，不是满足，而是人生的攀登路上的又一个起点。脚步有进有退，可只因为始终向着一个方向使劲，璞玉终会有成器的一天。有时候，退一步，得到的往往是海阔天空。让我们学会理智地面对生活中的困境，懂得"以退为进"。

七、学会放弃：懂选择才会获得更多

人生有许多东西值得我们去奋斗、去追求，但并不是所有的东西我们都可以同时得到。当两者不可兼得的时候，你必须当机立断，抓住时机，马上出击。常言道：一鸟在手，胜过双鸟在林。当机遇出现在你面前时，千万不要犹豫，因为机遇稍纵即逝。倘若瞻前顾后，患得患失，只会使你与成功擦肩而过。请看下面这个故事：

　　一个初学打猎的年轻人跟着老猎人到山里去打猎。

　　没走多远就发现了两只兔子从树林里窜了出来，年轻猎人很快就取出自己的猎枪。两只兔子向不同的方向跑去，年轻猎人一下子不知道该向哪只兔子瞄准了。

他想打这只兔子，又怕那只兔子跑了；想打那只兔子，又怕这只兔子跑了。他手中的猎枪一会儿瞄准这只，一会儿又瞄准那只，就这样瞄来瞄去，结果两只兔子都不见了踪影，他也没有扣动扳机。年轻猎人感到十分气恼。

老猎人安慰他说："两只兔子向不同的方向跑，你的子弹虽然跑得快，但是也不可能同时射中两只呀。关键是你一定要选择好目标，这样你就不会空手而归了。"

年轻猎人之所以一无所获，是因为他不懂得有所选择有所放弃。

从我们来到这个世界，就在不停地进行着各种各样的选择。在选择中我们做出取舍，在放弃中我们走向成熟。在你呱呱坠地时，你就选择了声音，放弃了沉默。

当你第一次背上书包，跨进学校的大门时，你就选择了知识，抛弃了愚昧。而当你与一见钟情的他（她）相遇后，更是反复经受着选择的折磨。大学毕业后，是继续深造？还是参加工作？同样你需要选择。你无时不在选择中！我们在强调选择的同时，也要着重提醒你要学会放弃，因为有所选择必须有所放弃。

放弃，对每一个人来说，都有一个痛苦的过程，因为放弃意味着不再拥有，但是，不会放弃，想拥有一切，最终你将一无所有，这是生命的无奈之处，如果你不放弃阳光的热烈，就无法享受花前月下的温馨……

爱迪生曾经说过："没有放弃就没有选择，没有选择就不会有发展。"人生并非只有一处风景如画，别处风景也许更加迷人。当你失意的时候，你不妨好好地品味这句话所包含的哲理。翻开成功人士的历史，你就会发现可以借鉴的例子到处都是。

生命并非只有这一处灿烂的辉煌，包容过去，融通未来，创造人生新的春天，人生将更加明媚和迷人。认真思考自己该如何生活、如何为人处世，永远不嫌太早或太迟。

　　未雨绸缪不但没有损失，反而使人获益良多，你必须让思想尽情地展翅翱翔，飞得越高，望得越远，才会走出眼前生硬的疆界，突破现有的成见。现在就跨出新生活的第一步，对于自己的过去，大可不必耿耿于怀，是好是坏都已过去，且把它看作一张白纸，你心中就没有了埋怨与不满，生活的一切都会顺利平稳。

　　生命有限，人生苦短，你无法实现所有的梦想，无法满足所有的欲望，所以我们必须做出种种选择，将我们有限的生命充分地利用起来，将有限的精力集中投入到自己最美好的人生奋斗目标中。这样，即使你会失去很多——那是不可避免的，但同时你也会得到很多。

　　记住：在人生的大舞台上，你若想成为一名非同凡响的角色，你就必须有所放弃有所选择。如果对目标游移不定，只会让你前功尽弃、一无所获。人生的取舍是一件十分困难的事情，既要有正确的理论指导，又要有丰富的实践经验，才能吃得透，拿得准。